电网企业无人机作业人员专业培训教材

专业应用技术

国网安徽省电力有限公司无人机巡检作业管理中心　组编

中国电力出版社
CHINA ELECTRIC POWER PRESS

内 容 提 要

无人机作为电网企业传统运维手段的升级和延伸，保证了运维检修工作质量、补齐了传统人力巡视短板、丰富了应急抢险处置手段，已成为电力设备巡视、检测最有力的技术手段，成为基层班组不可或缺的工具，对保障大电网安全稳定运行意义重大。因此，电网企业设备管理专业人员，尤其是基层班组人员熟练掌握无人机操控技能是十分必要和必需的，也是巡检作业合规合法飞行和业务规范化开展的必然要求。

本书共包括 13 章内容，分别为输电/配电线路手动精细化巡检、输电/配电线路自主精细化巡检、输电/配电线路通道巡检、电力行业红外检测、电力行业激光扫描、电力行业故障巡检、电力行业特殊巡检、电力行业施工导引绳展放、输电/配电线路精细化巡检故障查找、红外检测故障查找、输电/配电线路通道树障测量（可见光）、激光扫描数据处理和自主巡检航线规划。完成本书学习可熟练掌握无人机的基础操作技能，具备取得中国民航局旋翼机类别多旋翼级别无人机操控员执照的能力水平。

本书是电网企业无人机作业人员的专业培训教材，可作为电网企业开展无人机取证及技能培训工作的培训教材及学习资料，也可作为从事电网企业无人机作业服务相关社会从业人员的自学用书与阅读参考书。

图书在版编目（CIP）数据

电网企业无人机作业人员专业培训教材：专业应用技术/国网安徽省电力有限公司无人机巡检作业管理中心组编．—北京：中国电力出版社，2023.11
ISBN 978 - 7 - 5198 - 7534 - 3

Ⅰ.①电… Ⅱ.①国… Ⅲ.①无人驾驶飞机－应用－电力线路－巡回检测－技术培训－教材②无人驾驶飞机－应用－电力工程－工程施工－技术培训－教材 Ⅳ.①TM7

中国国家版本馆 CIP 数据核字（2023）第 124608 号

出版发行：中国电力出版社
地　　　址：北京市东城区北京站西街 19 号（邮政编码 100005）
网　　　址：http://www.cepp.sgcc.com.cn
责任编辑：苗唯时　马雪倩
责任校对：黄　蓓　于　维
装帧设计：郝晓燕
责任印制：石　雷

印　　　刷：廊坊市文峰档案印务有限公司
版　　　次：2023 年 11 月第一版
印　　　次：2023 年 11 月北京第一次印刷
开　　　本：787 毫米×1092 毫米　16 开本
印　　　张：8.75
字　　　数：154 千字
印　　　数：0001—1500 册
定　　　价：83.00 元

编 委 会

前　　言

　　近年来，我国经济持续高速发展，电网规模快速增长与人员配置短缺之间的矛盾日益突出，传统人力密集型运检模式已经无法满足当前更加严苛的电力保供要求。为此，国家电网有限公司（以下简称"国家电网公司"）聚焦运维模式转型，大力推广无人机巡检应用，加快无人机装备及人才队伍建设，开展无人机自主巡检示范单位建设，持续赋能基层一线，加快构建现代设备管理体系。

　　国网安徽省电力有限公司（以下简称"安徽公司"）深入贯彻落实国家电网公司工作部署，设立国网安徽省电力有限公司无人机巡检作业管理中心（以下简称"省机巡管理中心"），作为省公司无人机业务支撑机构，推动无人机自主巡检规模化应用，在国家电网公司系统首批建成管理水平一流、技术国际领先的无人机智能巡检示范单位，首家建立管办分离的"省—市—县—班组（站所）"四级无人机作业体系，树立了示范引领，实现了巡检作业模式转变，全面提升了运检质效。

　　安徽公司高度重视无人机专业人才队伍建设，依托省机巡管理中心组织开展全省基层班组取证及技能培训，建成华东区域最大的无人机操作技能标准化实训基地，获批授权中国民航局民用无人机操控员执照考点和中电联电力行业无人机巡检作业人员全专业（输电、变电、配电）评价基地。首创"基础资质（CAAC 执照）＋专业技能（CEC/UTC 证书）"的双证无人机人才培养评价体系，通过培训的学员可直接参与电力设备（输电、变电、配电）专业巡检并能熟练完成作业任务。省机巡管理中心已累计为全省培养输送无人机专业人才 2000 余人，2 人获评首席无人机技能大师，数十人在国家级、省级、市级等各类无人机技能大赛中夺得佳绩。

　　为总结安徽公司无人机取证及技能培训工作取得的成果，指导无人机专业培训规范化开展，进一步强化培训能力、提升培训质量，省机巡管理中心组织编写了《电网企业无人机作业人员专业培训教材》，包括《基础操作技能》和《专业应用技术》两个分册，详细讲解了电网企业无人机作业人员应当掌握的无人机基础操作技能和专业应用技术，凝聚了安徽公司无人机作业人员、技术人员和管理人员的集体智慧。

本书在编写中吸收了国内同类教材的优点，也结合了电网企业的实际情况，从易于基层班组人员学习角度出发，力求文字通俗易懂、图例丰富、步骤清晰，便于自学。

本书在编写过程中，引用和借鉴了部分软件的名称和图片，在此对相关单位表示感谢，如涉及版权等问题，请与编者联系。

由于时间紧迫，又限于编写人员知识理论水平和实践经验，书中难免存在不妥或疏漏之处，恳请广大读者批评指正。

编　者

2023 年 10 月

目　　　录

第一章

输电/配电线路手动精细化巡检

一、背景介绍

输电/配电线路手动精细化巡检是指无人机飞手利用自身飞行技能，全程手动操作无人机对输电/配电线路进行巡检。巡检内容主要以可见光拍摄为主。

二、准备工作安排

（1）提前进行空域申报、进行现场勘察，查阅有关资料编制飞行作业指导书并组织学习。由于输电线路大多处于丘陵山区，这些地区可能会有军区、机场等空中管制区域，因此在飞行前应提前获得此次作业区域的空域许可，方可开展作业。

（2）填写工作单并履行审批、签发的手续。作业前按照要求如实填写工作单，并履行相关手续，方便后期监管部门督查，且为本次作业留下书面记录。

（3）提前准备好作业所需的无人机机型及其配套设施。输电/配电线路手动精细化巡检一般选用机型为精灵4P、精灵4RTK、御2行业版进阶版等机型，且配备电池数量应合理，满足一天的作业量即可，无需携带过多设备，从而影响作业；作业前应保证设备电量充足（遥控器、电池、地面站等）。

三、现场飞行准备

（1）工作负责人应提前确认所需作业线路的位置，并核对好作业杆塔的杆号是否有误；现场合理安排好作业任务和分工，交代作业安全隐患及防控措施并要求班组人员在作业票/单及交底记录上签字。

（2）飞行前应正确进行无人机组装，重点检查电池是否卡紧、桨叶是否安装正确；SD卡容量要满足作业需求且检查飞机各项参数指标是否正常。设备需求见表1-1，精灵 4PRO 如图 1-1 所示，精灵 4 一托三充电管家如图 1-2 所示，精灵 4 电池如图 1-3 所示，大疆电池箱如图 1-4 所示。

表 1-1　　　　　　　　　　　　　设 备 需 求

设备名称	单位	数量
精灵 4PRO	架	1
精灵 4 一托三充电管家	个	2
精灵 4 电池	块	12
大疆电池箱	个	1
64G 闪迪 SD 卡	张	1

图 1-1　精灵 4PRO

图 1-2　精灵 4 一托三充电管家

图 1-3　精灵 4 电池

图 1-4　大疆电池箱

四、作业拍摄要求

（1）需要拍摄的部位有：全塔、塔头、塔身、基础、杆号牌、各挂点、金具、绝缘子、通道。

（2）拍摄顺序应为"倒U形"拍摄，以双回交流耐张杆塔为例：应先进行全塔、塔头、塔身、基础、杆号牌的拍摄，在拍摄完这几个部件之后此时无人机应在杆塔的下方，然后无人机升高进行左回线路下相小号侧绝缘子导线端挂点的拍摄。"倒U形"整体航线示意图如图1-5所示。

图1-5 "倒U形"整体航线示意图

此时的拍摄顺序为："下相小号侧绝缘子导线端挂点"→"下相小号侧绝缘子串"→"下相小号侧绝缘子横担端挂点"→"下相跳线绝缘子导线端挂点"→"下相跳线绝缘子串"→"下相跳线绝缘子横担端挂点"→"下相大号侧绝缘子横担端挂点"→"下相大号侧绝缘子串"→"下相大号侧绝缘子导线端挂点"。此时一相照片已拍摄完毕，无人机再次拔高进行左回线路中相的拍摄，由于此时无人机在线路大号侧，故由大号侧至小号侧将该相拍摄完毕，再度拔高后拍摄上相，上相拍摄完毕后拍摄左回地线挂点，然后按照之前的顺序进行右回线路拍摄。此时在右回线路上、中、下三相全部拍摄完毕后再进行小号侧通道拍摄及大号侧通道拍摄，至此该基杆塔的无人机手动精细化巡检已全部作业完毕。"倒U形"拍摄顺序为目前最为合理的拍摄顺序，整体航线走向自然流畅，不会浪费时间且影响作业进度，而且能有效减少"多拍漏拍"的现象。

（3）照片要求及示例。

全塔：塔头顶住 2 号格，塔基顶住 8 号格，将整个杆塔包括住，且侧方向 45°拍摄，全塔如图 1-6 所示。

图 1-6 全塔

塔头：从侧面拍摄，将塔顶至下相全部包含，塔头如图 1-7 所示。

图 1-7 塔头

塔身：第一个井口顶住 2 号格，基础顶住 8 号格，将整个塔身拍摄到位，侧方 45°
拍摄，塔身如图 1-8 所示。

图 1-8　塔身

基础：采用俯拍手法，侧面拍摄将 4 个塔腿基础全部裸露出来，要求 4 个基础铺满
整个屏幕，使基础清晰可见，基础如图 1-9 所示。

图 1-9　基础

杆号牌：平行或俯拍，要求清晰看见杆号牌上电压等级、线路名称及杆号，杆号牌

如图 1-10 所示。

图 1-10 杆号牌

导线端挂点：此处为均压环，要求采用仰排手法，云台上调 5°～15°，且无人机距拍摄部位 2～5m，要求能清晰拍摄到连接金具的销钉，且要将导线连接金具全部岔开；若电压等级高，导线数量过多也可在均压环上方再补拍一张，采用云台打到底 90°拍摄，导线端挂点如图 1-11 所示。

图 1-11 导线端挂点

绝缘子串：要求将所有绝缘子串全部岔开，可从横担端至导线端拍摄，采用俯拍手法，绝缘子串如图 1-12 所示。

图 1-12　绝缘子串

横担端挂点：建议采用仰拍手法，要求连接金具所有销钉清晰可见，螺母锈蚀情况一目了然，横担端挂点平拍如图 1-13 所示。

图 1-13　横担端挂点平拍

根据杆塔情况可从挂点上方采用垂直俯拍的方式再补一张，横担端挂点俯拍如图 1-14 所示。

7

图 1-14　横担端挂点俯拍

地线挂点：采用平行拍摄的手法，大小号各一张，地线挂点大号侧如图 1-15 所示。

图 1-15　地线挂点大号侧

要求清晰拍摄到销钉、连接金具锈蚀情况，地线挂点小号侧如图 1-16 所示。

图 1-16　地线挂点小号侧

五、作业后设备检查及数据验收

（1）当天作业结束后应按照相关要求对作业无人机进行检查和维护保养；对其外观及主要的零部件进行检查，看是否有磨损。

（2）当天作业结束后应清理作业现场，核对作业设备和工器具清单，做到现场无遗漏。

（3）对当天作业所采集的数据进行命名和归类，并按照要求保存至硬盘当中。

六、作业流程图

输电/配电线路手动精细化巡检作业流程图如图1-17所示。

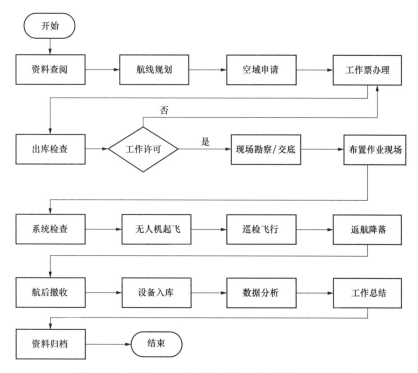

图1-17　输电/配电线路手动精细化巡检作业流程图

第二章

输电/配电线路自主精细化巡检

一、背景介绍

输电/配电线路自主精细化巡检，是指无人机飞手利用提前规划好的航线，自主地进行巡检作业，全程无需手动干预。相比于手动巡检，输电/配电线路自主精细化巡检解放了无人机操作人员的双手，降低了对飞手技能的要求，使无人机在电力行业的应用得以广泛开展。

二、准备工作安排

（1）应提前进行空域申报、进行现场勘察，查阅有关资料编制飞行作业指导书并组织学习。由于输电线路大多处于丘陵山区，这些地区可能会有军区、机场等空中管制区域，所以在飞行前应提前获得此次作业区域的空域许可，方可开展作业。

（2）应填写工作单并履行审批、签发的手续。作业前应按照要求如实填写工作单，并履行相关手续，方便后期监管部门督查，且为本次作业留下书面记录。

（3）应提前准备好作业所需的无人机机型及其配套设施。输电/配电线路手动精细化巡检一般选用机型为精灵 4P/精灵 4RTK/御 2 行业版进阶版等机型，且配备电池数量应合理，满足一天的作业量即可，无需携带过多影响作业且浪费资源；作业前应保证设备电量充足（遥控器、电池、地面站等）。

三、现场飞行准备

（1）工作负责人应提前确认所需作业线路的位置，并核对好作业杆塔的杆号是否有误，并现场合理安排好作业任务和分工，交代作业安全隐患及防控措施并要求班组人员在作业票/单及交底记录上签字。

（2）飞行前应正确进行无人机组装，应重点检查电池是否卡紧、桨叶是否安装正确；SD 卡容量要满足作业需求且检查飞机各项参数指标是否正常。

四、自主作业操作

自主作业操作指进行无人机巡视作业前，需要打开无人机设备，主要操作步骤如下：

（1）遥控器与手机连接，打开遥控器，对设备的自检信息，状态检查，并进行一些参数的调整，例如指南针校准、摇杆模式选择、返航高度、视觉避障功能设置、语音提示功能设置、云台俯仰角限制设置、低电量处置等。

（2）启动无人机。

（3）登录系统，点击"移动巡检"图标，连接手机界面如图 2-1 所示。

（4）点击杆塔巡视，进入无人机，人机协同巡检模块如图 2-2 所示。

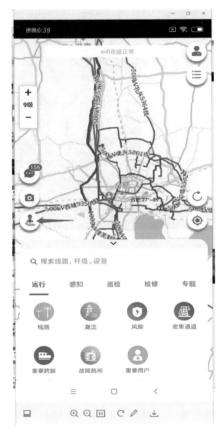

图 2-1　连接手机界面

图 2-2　人机协同巡检模块

（5）点击获取附近杆塔按钮，选择范围后确定，可显示附近杆塔，附近杆塔如图 2-3 所示，杆塔参数设置如图 2-4 所示。

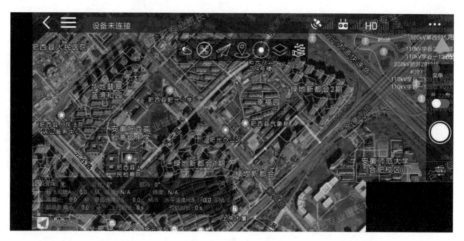

图 2-3　附近杆塔

图 2-4　杆塔参数设置

（6）选择好需要飞行作业的杆塔，根据杆塔标识，黄色标识的杆塔代表没有航线，只能手动飞行，蓝色标识的杆塔代表有航线，可以自主飞行，杆塔总图如图 2-5 所示，黄色杆塔如图 2-6 所示，蓝色杆塔如图 2-7 所示。

（7）无人机起飞，确认录屏，手动飞至作业杆塔附近，点击需要作业的那基杆塔的自动巡检，无人机依照已规划好的拍摄路线进行自主巡检。

（8）本次自主巡检的拍摄要求、航点位置都已全部拍摄完成和到达后，手机会响起提示音"任务已完成"，飞手需要切换挡位（P 挡换成 A 挡，再切换为 P 挡），退出本次自主飞行，手动飞回起飞点。

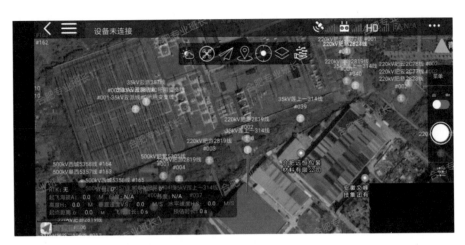

图 2-5 杆塔总图

图 2-6 黄色杆塔

图 2-7 蓝色杆塔

（9）飞机平稳落地静止后，在手机系统上选择照片分类，勾选杆塔，点击下载并回传（可先下载，飞行照片数量容量过多过大时，可在网络传输快的环境下进行上传），等待完成后，无人机方可关机，照片回传界面如图2-8所示。

图2-8　照片回传界面

五、巡视数据处理

1. 巡视图

登录巡检管控系统，即可查看无人机巡视检上传的数据。同普通人工巡视一样，无人机巡视的图片也可以在本功能中查看，无人机巡视的图片在页面上展示的是缩略图，点击放大以后，可查看原图，巡视图界面如图2-9所示。

图2-9　巡视图界面

2. 巡视记录

巡视记录页面可在上方筛选出无人机巡视记录，且无人机巡视记录可以点击后面的"查看轨迹"来查看无人机巡视的飞行轨迹，巡视记录界面如图 2-10 所示。

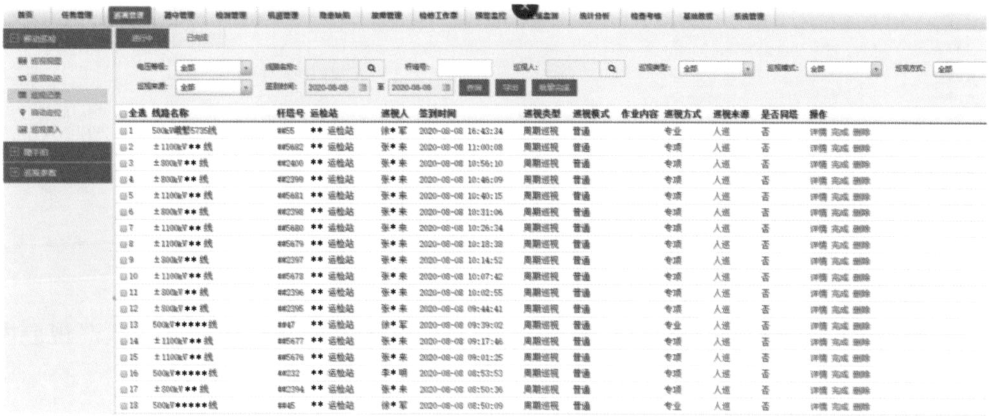

图 2-10　巡视记录界面

3. 缺陷视图

由无人机上传的缺陷信息可在页面中通过"发现方式"来筛选（其他缺陷流程与人工巡视一致），缺陷列表界面如图 2-11 所示。

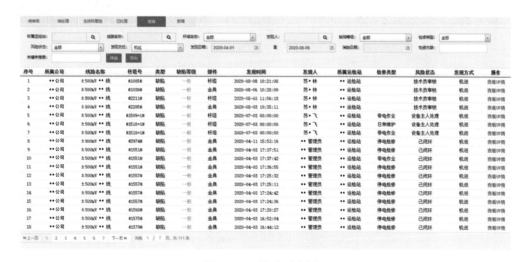

图 2-11　缺陷列表界面

4. 周期巡视统计

周期巡视统计中现在可以分别显示人工巡视和无人机巡视的次数，并且无人机巡视次数也作为巡视的组成部分，合并统计巡视到达率，巡视到位率界面如图 2-12 所示。

图 2-12　巡视到位率界面

5. 数据处理

登录本地系统服务器，输入域名后，按照相应巡视日期和巡视线路下载巡视原图，巡视原图界面如图 2-13 所示。

图 2-13　巡视原图界面

六、作业流程图

输电/配电线路自主精细化巡检作业流程图如图 2-14 所示。

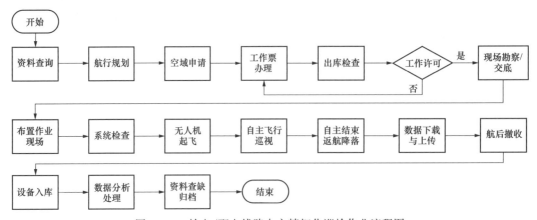

图 2-14　输电/配电线路自主精细化巡检作业流程图

第三章

输电/配电线路通道巡检

一、背景介绍

输电/配电线路通道巡检是指无人机飞手利用地面站规划航线,使无人机能够自动地在线路通道中来回地进行飞行巡检,从而查找其中的危险与隐患。

二、准备工作安排

(1)提前进行空域申报、进行现场勘察,查阅有关资料编制飞行作业指导书并组织学习。由于输电线路大多处于丘陵山区,这些地区可能会有军区、机场等空中管制区域,因此在飞行前应提前获得此次作业区域的空域许可,方可开展作业。

(2)应填写工作单并履行审批、签发的手续。作业前应按照要求如实填写工作单,并履行相关手续,方便后期监管部门督查,且为本次作业留下书面记录。

(3)应提前准备好作业所需的无人机机型及其配套设施。输电/配电线路通道巡检一般选用机型为精灵4RTK/"御"2搭载变焦镜头的变焦版和行业版机型,且配备电池数量应合理,满足一天的作业量即可,无需携带过多影响作业且浪费资源;作业前应保证设备电量充足(遥控器、电池、地面站等)。

三、飞行前准备

(1)工作负责人应提前确认所需作业线路的位置,并核对好作业杆塔的杆号是否有误,并现场合理安排好作业任务和分工;交代作业安全隐患及防控措施并要求班组人员在作业票/单及交底记录上签字。

(2)飞行前应正确进行无人机组装,重点检查电池是否卡紧、桨叶是否安装正确;SD卡容量要满足作业需求,且检查飞机各项参数指标是否正常。

四、通道巡检

1. 无人机作业场地选择

无人机作业场地须设置在环境电磁干扰较小且视野开阔的区域，电磁干扰会导致无人机设备的指南针异常、设备无法正常起飞、严重的会造成无人机脱离当前 GPS 模式导致无人机失控操控。因此起飞场地应当选择在周边无大范围金属遮挡的场地、远离线路杆塔、无人机下方无金属或金属含量较高的土地范围，起飞前检查 IMU 和指南针传感器，必要时进行手动校准，以保证飞行安全；无人作业需要相对开阔的区域，如对 1~5 号杆塔进行作业，至少需要保证在作业范围内无人机飞至作业杆塔正上方时信号无遮挡，当无人机与遥控设备之间有山体、房屋等会造成遥控器信号变弱、图传丢失，甚至导致无人机失联，线路通道巡检场地如图 3-1 所示。

图 3-1　线路通道巡检场地

2. 操作方法

（1）将地面站设备（PAD）链接遥控器，找到并点击打开 Ugrid 软件。

（2）点击左上角，选择系统设置。

（3）出现图 3-2 中系统界面，点击大疆账户后查看并登录个人大疆账号。

（4）点击左上角菜单栏，选择巡视模式。

（5）选择巡视模式为通道巡视，线路通道巡视流程（1）如图3-2所示。

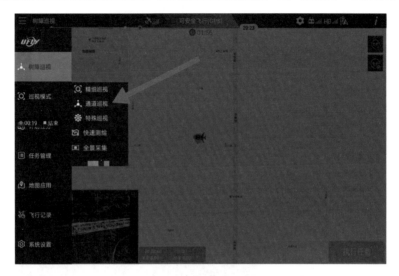

图3-2　线路通道巡视流程（1）

（6）打开无人机遥控设备、无人机设备通电，点击屏幕正上方，进行飞行前安全检查，如指南针异常，打开DJIgo4进行指南针校准；限高、返航高度应现场情况自行设定，卫星颗数大于10且为GPS模式下才可起飞；检查SD卡容量、地面站设备（PAD）无警告提示，在核对识别作业杆塔后即可起飞无人机。

（7）无人机起飞后，点击左边第二个选项新建当前任务，在选择文件对话框中点击下方加号新建，线路通道巡视流程（2）如图3-3所示。

图3-3　线路通道巡视流程（2）

（8）将无人机飞至第一基杆塔正上方，无人机降低至塔头使塔头左右两侧正好充满整个地面站屏幕，此时记录飞行高度；左下角地图和第一视角可切换，线路通道巡视流程（3）如图3-4所示。

图3-4　线路通道巡视流程（3）

（9）切换回地图界面，点击屏幕正下方蓝色杆塔，进行杆塔编辑，例如设置第一基杆号为"1"，线路通道巡视流程（4）如图3-5所示。

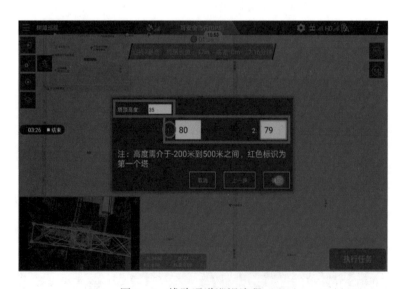

图3-5　线路通道巡视流程（4）

（10）依此类推，第2基杆塔重复上述操作，现在完成了1~2号的杆塔编辑。在地图的任务界面选项中点击绿色完成按钮，会弹出下一项操作窗口。

（11）在操作窗口输入当前任务的线路名称、电压等级及管理班组，完成后点击确定。

（12）上一步点击确认后，出现存储成功即为杆塔信息录入成功；继续点击当前任务窗口的新建线路图标，可以看到之前新建的杆塔任务，选择并点击确认，加载该任务。

（13）左侧任务列表旁出现了一个新的杆塔选择的图标，点击图标；在杆塔列表中选择需要继续操作的杆塔，点击确认。

（14）上一步点击确认后，点击箭头处设置按钮。在设置窗口选择飞行模式为"变高"飞行，旁向重叠度：精灵为 40%，御 2 为 55%；航向重叠度都固定为 85%，设置完成后点击下一步，线路通道巡视流程（5）如图 3－6 所示。

图 3－6　线路通道巡视流程（5）

（15）输入编号为红色的杆塔的塔顶高度后，在下方编号后的方框中输入比杆塔高（精灵为 40m；御 2 为 60m）的飞行高度并点击确定；红色标识杆塔为定位的第一基杆塔，默认为作业起始点，上方塔顶高度也为起始点塔顶高度。

（16）将无人机手动飞至起始杆塔附近且高于杆塔高度位置点击"执行任务"按钮，弹出自检对话框并进行飞行安全检查；航点上传结束后，检查项目全部显示为正常状态，即可点击自动起飞开始作业。

（17）进入作业航线后，无人机开始拍照并开始累加照片数量。

（18）飞行过程中应关注无人机卫星数量变动，及周边有无之前未发现在航线上的遮挡物，如通信信号塔等，必要时终止航线重新规划，线路通道巡视流程（6）如图 3-7 所示。

图 3-7　线路通道巡视流程（6）

（19）任务执行完成后会提示自动返航，点击取消，并手动返航和降落。以防止返航路径可能出现的障碍物遮挡而导致坠机现象的发生。

（20）查看航线是否处在限飞区内，这可能造成航线无法执行的情况。

（21）在 Pix4D 软件中导入无人机飞行的照片和坐标即可生成通道图片，线路通道拼图如图 3-8 所示。

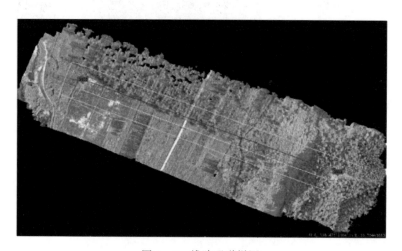

图 3-8　线路通道拼图

五、作业后设备检查及数据验收

（1）当天作业结束后应按照相关要求对作业无人机进行检查和维护保养。对其外观及主要的零部件进行检查，看是否有磨损。

（2）当天作业结束后应清理作业现场，核对作业设备和工器具清单，做到现场无遗漏。

（3）对当天作业所采集的数据应进行命名和归类，并按照要求保存至硬盘当中。

六、作业流程图

输电/配电线路通道巡检作业流程图如图 3-9 所示。

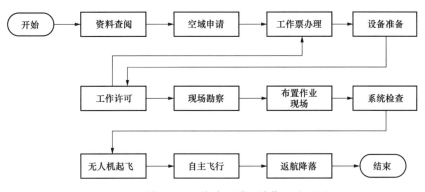

图 3-9　输电/配电线路通道巡检作业流程图

第四章

电力行业红外检测

一、背景介绍

红外检测是指利用多旋翼无人机搭载红外热成像仪对电力线路易老化部分及接触点进行红外区域测温，通过热成像实时显示的温度为依据，便于发现线路故障及隐患，拍摄得到的红外照片还可经红外软件处理，作为隐患处理和定级依据。

二、准备工作安排

1. 空域申请

空域申请指提前进行空域申报、进行现场勘察，查阅有关资料编制飞行作业指导书并组织学习。

2. 资料查阅

资料查阅指查阅任务区段的塔形、塔高、线路双重称号、线路走向等资料，了解任务区段的详细信息。

3. 工作票办理

工作票办理指填写"架空输电线路无人机巡视检作业工作单"，明确工作班成员，工作任务以及安全、技术措施，并由工作许可人及工作负责人签字。

4. 出库检查

出库检查指设备出库前仔细检查设备状态，确认无人机、电池及任务设备外观及性能完好，红外巡检设备如图 4-1 所示。

5. 系统检查

系统检查指正确组装无人机及任务设备，并将无人机通电，开启自检模式，检查无人机各项参数是否正常，红外设备检查如图 4-2 所示。

图 4-1 红外巡检设备

图 4-2 红外设备检查

三、飞行前准备

（1）工作负责人（程控手）。工作负责人负责工作组织、监护，并履行 Q/GDW 11399—2015《架空输电线路无人机巡视检作业安全工作规程》规定的工作负责人（监护人）的安全责任。

（2）操控手（任务手）。操控手负责杆塔本体巡视作业，并履行 Q/GDW 11399—2015《架空输电线路无人机巡视检作业安全工作规程》规定的操控手、任务手的安全责任。

（3）红外巡检工器具及备品备件见表 4-1。

表 4-1 　　　　　　　　　 红外巡检工器具及备品备件

序号	名称	型号	单位	数量
1	四旋翼无人机巡检系统	M210	架	1

续表

序号	名称	型号	单位	数量
2	红外拍摄镜头	禅思 XT2	台	1
3	移动终端	高亮屏	块	1
4	无人机动力电池	TB55	组	8
5	高亮屏电池	WB37	块	4

四、作业流程与规范

以大疆经纬 M210 无人机搭载禅思 XT2 红外线镜头进行红外作业为例。

1. 现场准备及检查工器具

现场准备及检查工器具包括在靠近作业点规划起降点设置安全区域，将作业设备搬至区域内放置；检查作业设备及工器具是否完好齐全。

2. 红外线数据采集

红外线数据采集包括将遥控器开机后启动无人机，待无人机自检完成后进入飞行控制界面，此时首先调整红外线拍摄图像设置，将拍摄效果调至"熔岩"效果，如图 4-3 所示。

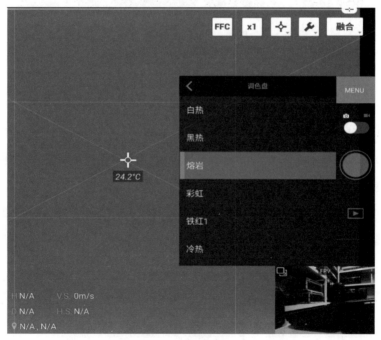

图 4-3 "熔岩"效果

之后，将拍摄模式调至"高增益"，如图 4-4 所示。

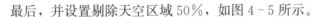

图 4-4　拍摄模式调至"高增益"

最后，并设置剔除天空区域 50%，如图 4-5 所示。

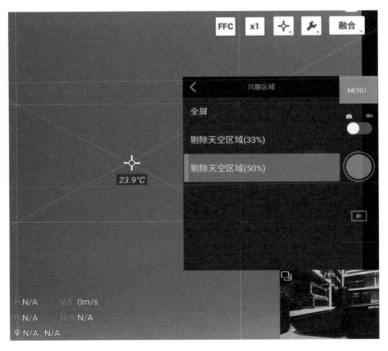

图 4-5　剔除天空区域 50%

待 GPS 信号正常，可以开始飞行后，飞控切换到智能模式（P 挡），操控无人机按照《国网设备部架空输电线路无人机巡检影像拍摄指导手册》拍摄原则，飞至距拍摄部位 6～8m 处悬停，调整云台角度，使拍摄目标位于图像中间位置并尽可能使被拍摄部位背景为天空区域，保证后期红外图像处理的准确，点击拍摄完成相应位置的红外照片采集。

这里根据日常红外线测温工作，分别针对耐张塔与直线塔给出拍摄规则以及所需拍摄内容及部位。

（1）单回直线塔：面向大号侧先拍左相再拍中相后拍右相，先拍小号侧后拍大号侧。

（2）双回直线塔：面向大号侧先拍摄左回后拍右回，先拍摄下相再拍摄中相后拍上相（对侧先拍上相再拍中相后拍下相，呈倒 U 形顺序飞行拍摄），先拍摄小号侧后拍大号侧。

（3）单回耐张塔：先拍小号侧，后拍大号侧。面向大号侧先拍左相后拍中相再拍右相。小号侧先拍导线端后拍横担端，如有跳线串，则拍摄跳线串，跳线串先拍横担端后拍导线端，大号侧先拍横担端后拍导线端。

（4）双回耐张塔：先拍小号侧，后拍大号侧。面向大号侧先拍左回后拍右回，先拍下相后拍中相再拍上相（对侧先拍上相再拍中相后拍下相，呈倒 U 形顺序拍摄），如有跳线串，则拍摄跳线串。小号侧先拍导线端后拍横担端，跳线串先拍横担端后拍导线端，大号侧先拍横担端后拍导线端。

直线塔主要对杆塔地线挂点、绝缘子、绝缘子挂点等部位拍摄，耐张塔红外测温主要对耐张线夹、地线挂点、绝缘子及跳线绝缘子等部位进行拍摄，详细内容见表 4 - 2。

表 4 - 2 　　　　　　　　　　红外线测温拍摄内容及相应部位

序号	拍摄内容		拍摄部位
1	直线塔	绝缘子串	整串绝缘子及芯棒
		悬垂绝缘子横担端	绝缘子塔端挂点
		悬垂绝缘子导线端	绝缘子线端挂点
		地线	挂点
2	耐张塔	耐张绝缘子横担端	绝缘子塔端挂点
		耐张绝缘子导线端	绝缘子线端挂点
		耐张绝缘子串	整串绝缘子及芯棒
		地线	挂点

序号	拍摄内容		拍摄部位
2	耐张塔	引流线绝缘子横担端	跳线绝缘子塔端挂点
		引流线绝缘子导线端	跳线绝缘子线端挂点
		引流线	跳线串

部分红外拍摄完成照片效果可以参照图4-6~图4-13所示。

图4-6 直线塔地线挂点示例

图4-7 耐张塔地线挂点示例

图4-8 直线塔绝缘子横担端挂点示例

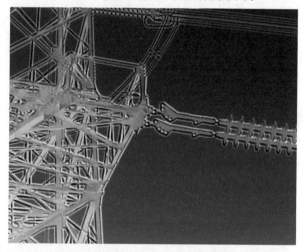

图4-9 耐张塔绝缘子横担端挂点

图4-10 直线塔绝缘子串

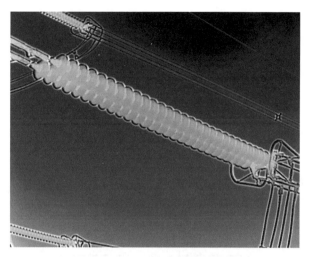

图 4-11　耐张塔绝缘子串

图 4-12　直线塔绝缘子导线端挂点

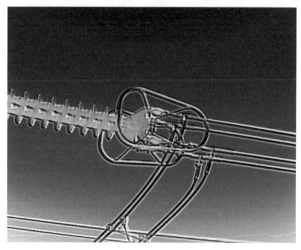

图 4-13　耐张塔绝缘子导线端挂点

3. 设备整理

拍摄完成后将无人机降落至空旷地面，依次关闭无人机供电，遥控器供电；拆下无人机桨叶，扣好云台锁扣，将无人机装箱，填写《架空输电线路无人机巡视检系统使用记录单》，签字后留存。

五、作业流程图

电力行业红外检测作业流程图如图 4-14 所示。

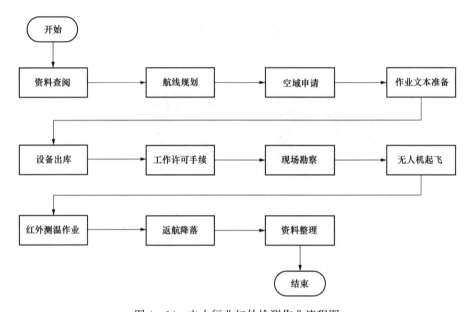

图 4-14　电力行业红外检测作业流程图

第五章

电力行业激光扫描

一、背景介绍

激光扫描是指无人机搭载激光吊舱，对电力行业的相关设备及附属设施（如线路杆塔、通道、变电站等）进行扫描，形成激光点云；后期通过三维建模逆向还原现场实际情况，从而进行导线测距、树障测量及航线规划等工作。

二、准备工作安排

1. 空域的申请

应根据工作安排查阅相关资料明确任务区段的线路的双重称号、杆塔 GPS 坐标、线路的大致走向等信息，并根据相关资料对现场飞行航线进行初步规划，制订合理的飞行计划；根据制订的计划提前向飞行空域所在的空域管辖部门进行空域申请，得到批复后方可进行飞行作业。

2. 工作票（单）的办理

作业前应按要求填写《无人机巡检工作（票）单》，明确工作班成员，工作任务以及安全、技术措施，并按要求完成相关审批流程，详细内容见表5-1。

表5-1   无人机巡检工作（票）单

单位：	编号：
1. 工作负责人：　　　　　　　　工作许可人：	
2. 工作班 工作班成员（不包括工作负责人）：	
3. 作业性质： 小型无人直升机巡检作业（　　）　　　　应急巡检作业（　　）	
4. 无人机巡检系统型号及组成	

续表

5. 使用空域范围

6. 工作任务

7. 安全措施（必要时可附页绘图说明）

7.1 飞行巡检安全措施：

7.2 安全策略：

7.3 其他安全措施和注意事项：

上述1～6项由工作负责人　　　　　根据工作任务布置人　　　　的布置填写

8. 许可方式及时间
许可方式：
许可时间：　年　月　日　时　分至　年　月　日　时　分

9. 作业情况
作业自　年　月　日　时　分开始，至　年　月　日　时　分，无人机巡检系统撤收完毕，现场清理完毕，作业结束。
工作负责人于　年　月　日　时　分向工作许可人　用　　　方式汇报。
无人机巡检系统状况：

工作负责人（签名）：　　　　　　　　工作许可人：

填写时间　年　月　日　时　分

三、飞行前准备

1. 作业设备的准备

以 M300 RTK 无人机搭载 YPL－40 激光雷达巡检系统为例，对作业需要的设备与工器具进行了罗列，详细内容见表5－2。

表5－2　　　　　　　　　　激光扫描设备类型

序号	名称	型号	单位	数量	备注
1	四旋翼无人机巡检系统	M300 RTK	架	1	
2	激光雷达探头	YPL－40	台	1	无基站
3	无人机动力电池	TB60	组	8	
4	小型四旋翼无人机巡检系统	精灵 4RTK 系列	架	1	用于规划航线
5	精灵系列电池	PH4－5870mAh－15.2V	块	8	
6	平板电脑	华为 M5	台	1	搭载安卓系统
7	高亮屏电池	WB37	块	4	
8	精灵充电管家	P4CH	台	2	
9	TB60 电池充电箱	BS60	套	2	

2. 人员组织安排

激光扫描作业流程较为复杂，通常一个作业组包含一个程控手和一个操控手：程控手负责工作的组织、监护以及协助操控手进行激光雷达巡检系统的组装等工作；操控手负责具体的激光雷达航线规划、验证等工作。

四、现场作业的具体实施

1. 航线规划

航线规划是整个激光扫描作业的灵魂，航线规划是否合理决定着激光点云扫描效果的好坏，甚至会出现激光雷达巡检系统碰撞杆塔、导地线等物体导致无人机坠机事件，所以这一步是非常重要的。

（1）航点采集。以 M300 RTK 无人机搭载 YPL‑40 激光雷达巡检系统为例，无人机和雷达如图 5‑1 所示。

图 5‑1 无人机和雷达

采用大疆精灵 4 RTK 系列无人机配合 DJI Pilot 地面站软件进行航点打点记录（其他带有 RTK 功能的大疆无人机也可胜任），无人机及地面站如图 5‑2 所示。

带有高精度定位功能的无人机可以精准记录每个航点的经纬度以及海拔，保证每个航点在进行验证时不会出现坐标和高度偏移的情况发生。首先将精灵 4 RTK 组装好并开机连接，打开 DJI Pilot，检查确认 RTK 功能正常使用，显示"FIX"固定解状态，航线规划流程（1）如图 5‑3 所示。

图 5-2　无人机及地面站

图 5-3　航线规划流程（1）

　　点击进入航线飞行界面，在航线库界面点击创建航线，弹出二级菜单再点击航点飞行，选择在线任务录制，航线规划流程（2）如图 5-4 所示。

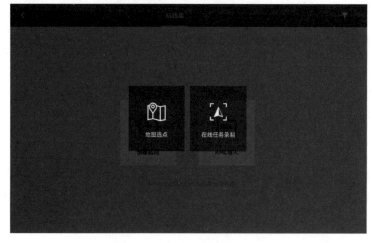

图 5-4　航线规划流程（2）

此时地面站软件进入记录飞行器的经纬度及高度界面，并语音提示"已连接 RTK，将记录飞行器的绝对高度"，航线规划流程（3）如图 5-5 所示。

图 5-5　航线规划流程（3）

将飞行器飞到合适的位置和高度按下"C1"键记录起点"S"点，将无人机飞到第一基杆塔附件并测量杆塔的最高点的高度 h_1，航线规划流程（4）如图 5-6 所示。

图 5-6　航线规划流程（4）

此时就可以算出需要的航点高度 $S_1 = h_1 + 20$（单位：m），将无人机飞到 S_1 后，将无人机的机头正对杆塔并把云台角度调整为 $-90°$，移动无人机直至图传界面上沿刚好看到杆塔的 4 个塔基，航线规划流程（5）如图 5-7 所示。

按下"C1"键记录第二个航点，以此类推记录其他航点。

为了确保首尾杆塔点云能被充分采集，通常会在首尾两基塔预留至少 100m 的缓冲区，航线规划流程（6）如图 5-8 所示。

图 5-7 航线规划流程（5）

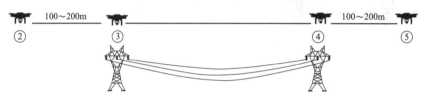

图 5-8 航线规划流程（6）

220kV 及以上的输电线路通常采用双边航线来确保激光点云的完整性，采集完作业区域后将最后一个点"E"点定到离起飞点附近，点击保存后降落无人机，航点采集完成，航线规划流程（7）如图 5-9 所示。

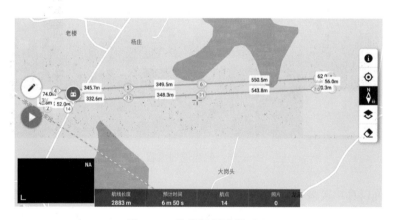

图 5-9 航线规划流程（7）

（2）航线调整及导入。航点采集完成后还需要根据激光雷达的性能对航线进行相应的调整，点击编辑按钮进入航线编辑界面，选择飞行为"M300 RTK"，航线规划流程

（8）如图 5 - 10 所示。

图 5 - 10 航线规划流程（8）

航线速度为：7m/s。

飞行器偏航角为："沿航线方向"。

航点类型为："协调转弯，不过点，提前转变"。

完成动作为："退出航线模式"（推荐），航线规划流程（9）如图 5 - 11 所示。

图 5 - 11 航线规划流程（9）

将入弯距离（转弯半径）调整为：10m（"S"和"E"点无需设置），点击保存，航线规划流程（10）如图 5 - 12 所示。

退到航线库界面选择刚刚调整好的航线，点击导出按钮将航线导出为 kml 格式，航线规划流程（11）如图 5 - 13 所示。

再将导出的 kml 航线文件导入到 M300 RTK 的高亮屏的地面站软件 DJI Pilot

2 中，航线规划流程（12）如图 5-14 所示。

图 5-12　航线规划流程（10）

图 5-13　航线规划流程（11）

图 5-14　航线规划流程（12）

检查航线参数设置是否正确；航线调整和导入工作完成。

2. 激光雷达点云采集

将 M300 RTK 无人机和 YPL‐40 激光雷达巡检系统正确组装好，激光点云采集流程（1）如图 5‐15 所示。

图 5‐15　激光点云采集流程（1）

将 M300 RTK 无人机开机，通过无人机云台口供电的 YPL‐40 激光雷达进行开机自检，保证由上至下第 2 个和第 4 个指示灯常亮，激光点云采集流程（2）如图 5‐16 所示。

图 5‐16　激光点云采集流程（2）

自检完成后第1个和第3个灯开始交替闪烁，此时激光雷达进入静态惯导校准阶段，此阶段不可移动触碰激光雷达设备，等待静置5min后；M300 RTK无人机的RTK状态显示为"FIX"固定解，再将刚导入的航线上传到M300 RTK无人机，失控策略为"悬停"，完成航线动作为"退出航线模式"，激光点云采集流程（3）如图5-17所示。

图5-17 激光点云采集流程（3）

等待执行航线后，将无人机降落到安全位置并关机。

3. 数据的复制

YPL-40激光雷达巡检系统的原始数据按照每个架次一个文件夹记录存储在机身自带的内存卡中，数据复制流程（1）如图5-18所示。

名称	修改日期	类型	大小
202208080122	2022/8/26 15:56	文件夹	

图5-18 数据复制流程（1）

将原始数据复制到相对应的按照"电压等级＋线路名称＋区段"建立的文件夹中，数据复制流程（2）如图5-19所示。

五、作业流程图

电力行业激光扫描作业流程图如图5-20所示。

图 5-19　数据复制流程（2）

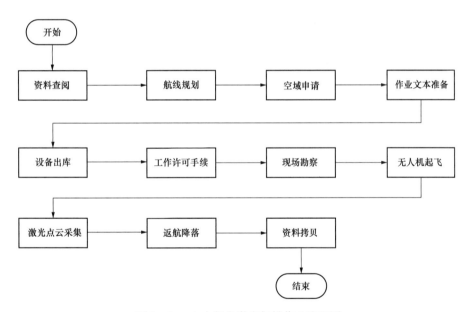

图 5-20　电力行业激光扫描作业流程图

第六章

电力行业故障巡检

一、背景介绍

故障巡检是指当电力设备发生跳闸导致停运或者降压运行时，对故障点进行查找和拍摄。故障巡检常用于输电/配电线路雷击、鸟害、树障、外部破损及异物查找，具有速度快、定位准、拍摄清晰等特点。

二、准备工作安排

（1）提前申请空域许可、进行现场勘察，查阅有关资料编制飞行作业指导书并组织学习。由于输电线路大多处于丘陵山区，这些地区可能会有军区、机场等空中管制区域，因此在飞行前应提前获得此次作业区域的空域许可，方可开展作业。

（2）填写工作单并履行审批、签发的手续。作业前应按照要求如实填写工作单，并履行相关手续，方便后期监管部门督查，且为本次作业留下书面记录。

（3）提前准备好作业所需的无人机机型及其配套设施。

（4）输电/配电线路手动精细化巡检一般选用机型为精灵 4P/精灵 4RTK/御 2 行业版进阶版等机型，且配备电池数量应合理，满足一天的作业量即可，无需携带过多影响作业且浪费资源；作业前应保证设备电量充足（遥控器、电池、地面站等）。

三、飞行前准备

（1）工作负责人应提前确认所需作业线路的位置，并核对好作业杆塔的杆号是否有误，并现场合理安排好作业任务和分工，交代作业安全隐患及防控措施并要求班组人员在作业票/单及交底记录上签字。

（2）2 飞行前应正确进行无人机组装，重点检查电池是否卡紧、桨叶是否安装正确；

SD卡容量要满足作业需求且检查飞机各项参数指标是否正常。

（3）作业设备的准备及人员组织安排。

1）作业设备的准备。以经纬 M210 无人机搭载 Z30 变焦镜头、X5S 镜头巡检系统为例，对作业需要的设备与工器具进行了罗列，见表 6-1。

表 6-1 电力行业故障巡检作业设备清单

序号	名称	型号	单位	数量	备注
1	四旋翼无人机巡检系统	经纬 M210	架	1	
2	镜头	Z30（变焦镜头）	台	1	
3	镜头	X5S	台	1	
4	无人机动力电池	TB55	组	8	
5	小型四旋翼无人巡检系统	精灵 4RTK 系列	架	1	整体细节拍摄
6	精灵系列电池	PH4-5870mAh-15.2V	块	8	
7	平板电脑	华为 M5	台	1	可搭载安卓系统
8	高亮屏电池	WB37	块	4	
9	精灵充电管家	P4CH	台	2	
10	经纬系列充电管家	IN2C180	台	4	

2）人员组织安排。线路故障排查作业流程较为复杂，通常一个作业组包含两个程控手和一个操控手：程控手负责工作的组织、监护以及协助操控手进行线路排查巡检系统的组装等工作；操控手负责具体的具体部位、放电通道距离测量等工作。

四、现场作业的具体实施

1. 现场作业规划

作业规划是整个作业的重中之重，开展现场环境，地形地貌，附属设施的勘察，有效地分析出大致的位置，这是非常重要的一步。

（1）现场环境。以经纬 M210 无人机搭载 Z30 变焦镜头、X5S 镜头为例，利用大疆精灵 4RTK 查看周围的作物，水源，地形地貌，确定线路的整体走向及塔型，规划好排查的走向，以便尽早找出故障点。

（2）作业分工。程控手勘察周围环境及杆塔塔型、放电间隙；操控手针对细节查线故障，杆塔地线、横担端挂点、绝缘子串、导线端挂点的细节拍摄。

2. 作业流程

首先，将经纬 M210 无人机、Z30 变焦镜头和 X5S 镜头组装完毕，之后大疆 App 开机自检，待一切正常后，沿线路走向对每相导线及挂点进行排查。

（1）地线挂点：无人机距地线挂点 2～3m 处进行平视及仰视拍摄。

（2）横担端：横担端挂点拍摄 3 张照片，分别为左侧、90°俯拍及右侧，注意查看有无白斑状及电弧点。

（3）绝缘子串：绝缘子串拍摄 3 张照片，分别为左侧、90°俯拍及右侧，注意查看每一片绝缘子是否有破损、白斑状。

（4）导线端：导线端挂点拍摄 3 张照片，分别为左侧、90°俯拍及右侧，注意查看有无白斑状及电弧点。

（5）导线：导线排查时，无人机应至少距导线正上方 1.5m 或导线外侧 2m，云台角度为 -25°～-35°，EV 值为 -0.3°锁定曝光，飞行速度 1m/s 匀速飞行，整个过程应全程视频录像。

（6）子导线：子导线要求错位拍摄，以保证线夹处与连板的清晰可见。

（7）间隔棒：间隔棒应大小号侧各拍摄一张清晰照片。

3. 故障点确定

故障点确定指飞行过程中如果发现白斑状呈大面积视为放电点，细节拍摄应将视角内的放电点呈现出来、中心点对焦进行拍摄，保证放大后也能清晰可见，确定位置后记录好当前位置的高度、距离、细节部位；飞机平移出作业点 3m，飞机与导线呈 90°向上飞行后，同样的位置再次排查上相导线或地线是否有大面积的白斑状。

4. 故障点拍摄

明确故障点后，无人机应在故障点前后 10～15m 扩展排查一次，避免遗漏。对故障点的拍摄应使整个故障区域充满整个屏幕。同时，拍摄时应保证导线与导线之间、导线与地线之间没有叠加。

5. 作业文本填写

记录作业前的时间与完成后时间，记录故障点具体位置，记录距离大小号杆塔多少米，相应的照片应按照命名分类打包移至相关部门。

6. 巡视案例

部分故障巡检案例如图 6-1～图 6-3 所示。

图 6-1 导线处雷击点

图 6-2 塔身雷击点

图 6-3 合成绝缘子处雷击点

五、作业流程图

电力行业故障巡检作业流程图如图 6-4 所示。

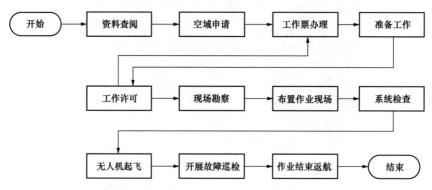

图 6-4　电力行业故障巡检作业流程图

第七章

电力行业特殊巡检

一、背景介绍

特殊巡检是指当发生雨、雪、冰、冻、火灾、地震等自然灾害后，电力设备发生损坏，需要利用无人机对受损部位进行查找和拍摄。特殊巡检的作业地点常常位于险峻大山或无人区，作业类型涵盖了可见光、红外线和激光三种任务吊舱。特殊巡检作业难度大，不确定性高，不建议初学者进行参与。

二、飞行前准备

（1）查阅任务区段的地形地貌、塔形、塔高、线路双重称号、线路走向等资料，了解任务区段的详细信息和作业周期内的天气情况。

（2）填写工作单并履行审批、签发的手续。作业前应按照要求如实填写工作单，并履行相关手续，方便后期监管部门督查，且为本次作业留下书面记录。

（3）准备好作业所需的无人机机型及其配套设施。

以 M210 无人机为例，对作业需要的设备与工器具进行了罗列，见表 7-1。

表 7-1 　　　　　　　　　　电力行业特殊巡检作业设备清单

序号	名称	型号	单位	数量	备注
1	四旋翼无人机巡视检系统	M210	架	1	
2	搭载云台	禅思 X5S	台	1	
3	无人机动力电池	TB55	块	16	
4	小型四旋翼无人机巡视检系统	精灵 4RTK 系列	架	1	
5	精灵系列电池	PH4-5870mAh-15.2V	块	8	
6	平板电脑	华为 M5	台	1	可搭载安卓系统
7	高亮屏电池	WB37	块	4	

（4）特殊巡视内容：

1）雪天后应注意导线覆冰及绝缘子上是否有冰溜，积雪是否过多，有无放电现象。

2）大风后应注意导线及地线的摆动是否过大，端头是否松动，设备位置有无变化，设备上及周围有无异物。

3）雷雨后应注意绝缘子、避雷器等瓷件有无外部放电痕迹，有无破裂损伤现象：导线、避雷器、避雷针的接地引下线有无烧伤痕迹，并记录避雷器放电记录器的动作次数。

4）雾、露后应注意设备接点及导线有无发红过热现象及热气流现象。

三、现场实际作业

（1）选择起飞地点及检查、组装作业设备，无人机组装检查如图7-1所示，无人机状态查看如图7-2所示。

图7-1　无人机组装检查

图7-2　无人机状态查看

（2）无人机起飞至目标杆塔，无人机起飞离开起始点如图7-3所示，目视无人机飞至目标点如图7-4所示。

图7-3 无人机起飞离开起始点

图7-4 目视无人机飞至目标点

（3）开展特殊巡视（以大雪恶劣天气为例），部分巡检案例如图7-5～图7-7所示。

图 7-5 地线金具覆冰情况查看

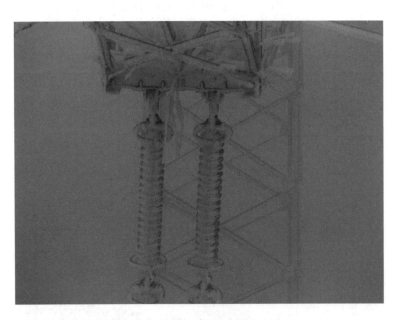

图 7-6 绝缘子串覆冰情况查看

四、作业流程图

电力行业特殊巡检作业流程图如图 7-8 所示。

图 7-7　导线端覆冰情况查看

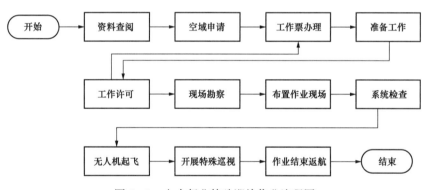

图 7-8　电力行业特殊巡检作业流程图

第八章

电力行业施工导引绳展放

一、背景介绍

导引绳展放是指利用多旋翼无人机牵拽最细的一根导引绳，对输电/配电线路杆塔之间的线路进行施工。导引绳展放作业是导线施工的第一步，利用无人机可以忽略地形干扰，快速、准确地完成作业任务。

二、准备工作安排

（1）提前进行空域申报、进行现场勘察，查阅有关资料编制飞行作业指导书并组织学习。由于输电线路大多处于丘陵山区，这些地区可能会有军区、机场等空中管制区域，因此在飞行前应提前获得此次作业区域的空域许可，方可开展作业。

（2）填写工作单并履行审批、签发的手续。作业前应按照要求如实填写工作单，并履行相关手续，方便后期监管部门督查，且为本次作业留下书面记录。

（3）应提前准备好作业所需的无人机机型及其配套设施。输电/配电线路导引绳展放一般选用机型为M600等机型，且配备电池数量应合理，满足一天的作业量即可，无需携带过多影响作业且浪费资源；作业前应保证设备电量充足（遥控器、电池、地面站等）。

（4）应明确杆塔坐标、导引绳展放路径、途经周边地形地貌情况，确定起飞和降落点位置，保证起飞和降落场地平整开阔、视野清晰且无信号遮挡。

（5）查阅资料明确需施工作业杆塔基本参数，确定展放初级导引绳的小型多旋翼无人机型号。

（6）分析存在的危险点并制定控制措施，确定作业方案，组织全员学习。

（7）应填写工作票并履行审批、签发手续。

（8）应提前准备好施工用的设备及材料。

三、飞行前准备

1. 人员准备

（1）工作负责人（程控手）应制定现场航线规划方案、飞行作业措施和安全策略设置，对工作班成员进行危险点告知、交待安全措施和技术措施，并督促、监护工作班成员严格执行作业方案和现场安全措施。

（2）操控手应根据现场航线规划方案和安全策略设置要求，操控小型多旋翼无人机执行飞行作业，指挥任务手执行导引绳固定、脱钩等工作。

（3）任务手在浓雾、夜间等视野较差的情况下，负责操控无人机辅助照明、引导方向等工作，协助开展无人机展放初级导引绳工作。

（4）辅助工负责无人机展放初级导引绳盘绳、场地布置、放线轮转速控制等专项辅助工作。

2. 人员要求

人员要求应明确作业人员的精神状态，作业人员的资格包括作业技能、安全资质和特殊工种资质等要求，详细内容见表 8-1。

表 8-1　　　　　　　　　　　　导引绳展放人员要求

序号	内容	备注
1	现场作业人员应体检合格、身体健康，精神状态良好，穿戴合格安全用具和劳动防护用品	
2	作业人员应经过无人机驾驶员取证培训，取得相应无人机驾驶资格证书，熟悉《架空输电线路运行规程》（DL/T 741—2019），并经考试合格	
3	应具备必要的电气知识和业务技能，掌握架空输电线路架线施工相关技能	
4	应具备必要的安全生产知识，学会紧急救护法，特别要学会触电急救	

3. 作业设备

作业设备详见表 8-2。

表 8-2　　　　　　　　　　　　导引绳展放作业设备

序号	名称	型号及规格	单位	数量
1	多旋翼无人机	M600	套	1
2	云台相机	禅思 X4S	个	1

续表

序号	名称	型号及规格	单位	数量
3	放线舵机（含遥控器）		个	1
4	放线架（放线轮）		个	1
5	移动照明灯塔		个	n
6	电池	TB48	组	2
7	螺旋桨		根	6
8	脚架		个	2
9	初级牵引绳		km	

四、现场作业流程

（1）到达作业现场应先进行现场情况及地形的详细勘察，并规划相对应的航线以确保无人机放线有效实施，现场勘察如图 8-1 所示。

图 8-1　现场勘察

（2）准备好无人机并与地面站连接正常后提前升空调试无人机各项参数并检查放线器的脱钩情况，确认无误后静置于地面，放线无人机如图 8-2 所示，卡扣如图 8-3 所示。

图 8-2　放线无人机

图 8-3　卡扣

（3）准备好放线盘以及需要的牵引绳放置于无人机正后方，放线盘如图 8-4 所示。

（4）确认现场满足作业条件后申请起飞，飞至指定杆塔上方后方可脱钩放下牵引绳，无人机放飞牵引导引绳如图 8-5 所示。

图 8-4　放线盘

图 8-5　无人机放飞牵引导引绳

（5）将无人机降落后，确认现场无设备遗留后方可撤场。

五、作业流程图

电力行业施工导引绳展放作业流程图如图 8-6 所示。

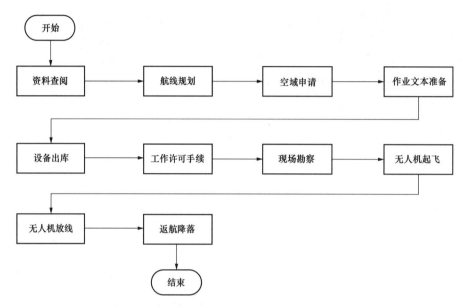

图 8-6 电力行业施工导引绳展放作业流程图

第九章

输电/配电线路精细化巡检故障查找

精细化巡检故障查找是指无人机巡检后，地面遥控设备能将无人机采集的巡检图像传输至指定服务器，并经过缺陷智能识别算法分析，将疑似缺陷图片推送至数据处理员进行二次审核后推送至数据审核员，经数据审核员三次审核后推送至设备管理班组进行消缺闭环。

一、基本要求

（1）按照计划要求进行筛选缺陷库。

（2）发现缺陷后进行人工标注并上报。

（3）二次审核时，数据审核员抽查数据处理员是否存在漏报、错报情况。

二、操作步骤

（1）登录系统点击菜单-无人机样板间-无人机缺陷库，进入无人机缺陷库页面，精细化巡检故障查找流程（1）如图 9-1 所示。

（2）选择一条记录点击处理按钮，进入处理页面，精细化巡检故障查找流程（2）如图 9-2 所示。

（3）在页面左上方可对算法标记的结果进行人为处理，可标记为有缺陷、无缺陷、误报，精细化巡检故障查找流程（3）如图 9-3 所示。

（4）若发现图片有缺陷，且算法未识别，此时可在页面左下方进行漏报操作，点击漏报，选择缺陷信息，框选缺陷位置，精细化巡检故障查找流程如图 9-4 和图 9-5所示。

图9-1 精细化巡检故障查找流程（1）

图9-2 精细化巡检故障查找流程（2）

图9-3 精细化巡检故障查找流程（3）

图 9-4　精细化巡检故障查找流程（4）

图 9-5　精细化巡检故障查找流程（5）

（5）图片处理完成后，点击右下角确定按钮，若图片有缺陷，则可对缺陷进行上报；点击记录上报，录入缺陷信息保存后缺陷管理页面将会新增这条缺陷记录，否则不会新增缺陷记录，精细化巡检故障查找流程如图 9-6 和图 9-7 所示。

（6）若图片没有缺陷，点击确定后该图片状态会更新为无缺陷，精细化巡检故障查找流程（8）如图 9-8 所示。

（7）数据处理员上报缺陷后，数据管理员应对数据处理员上报缺陷进行二次审核后流转至缺陷处理部门，进行二次闭环，精细化巡检故障查找流程（9）如图 9-9 所示。

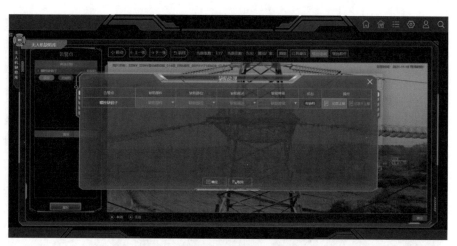

图 9-6　精细化巡检故障查找流程（6）

图 9-7　精细化巡检故障查找流程（7）

图 9-8　精细化巡检故障查找流程（8）

图 9-9　精细化巡检故障查找流程（9）

三、作业流程图

输电/配电线路精细化巡检故障查找作业流程图如图 9-10 所示。

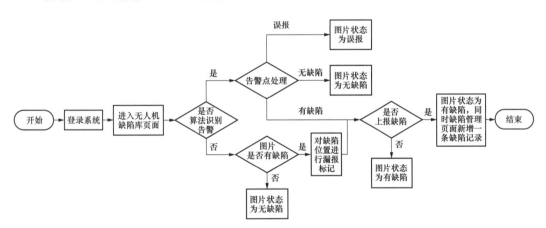

图 9-10　输电/配电线路精细化巡检故障查找作业流程图

第十章

红 外 检 测 故 障 查 找

基于红外线双光镜头对杆塔关键点进行测温,通过红外线测温软件进行诊断,发现异常发热点后进行现场复测,确认为异常发热点后生成红外线测温报告。

一、基本要求

(1)红外照片、可见光照片的名称需根据规范要求统一命名。

(2)接收杆塔信息照片需经过人员确认是否一致,如出现信息照片不符合或缺失需进行数据确认并保存记录。

(3)数据检测如发现缺陷应向管理人员进行反馈。

(4)检测完成后需将检测数据录入 Excel 进行统计,需填写杆塔名称、处理人、处理时间等信息。

(5)将处理完成的数据统计后交由管理人员确认。

二、红外线测温数据处理

(1)红外线测温数据处理基于 FLIR Tools 进行测温。以照相机型号 XT2 为例,打开红外测温软件,红外线测温数据处理流程(1)如图 10-1 所示。

(2)输入账号密码。

(3)选择添加功能,将含有红外图片的文件夹导入测温软件,红外线测温数据处理流程如图 10-2～图 10-4 所示。

(4)双击添加后的照片,红外线测温数据处理流程(5)如图 10-5 所示。

(5)点击 lron 模式,红外线测温数据处理流程(6)如图 10-6 所示。

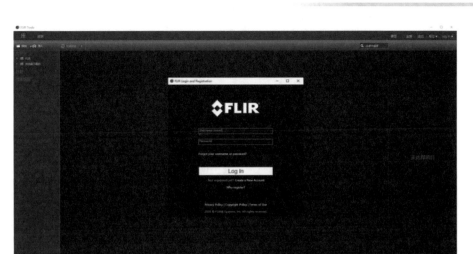

图 10-1 红外线测温数据处理流程（1）

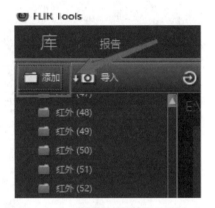

图 10-2 红外线测温数据处理流程（2）

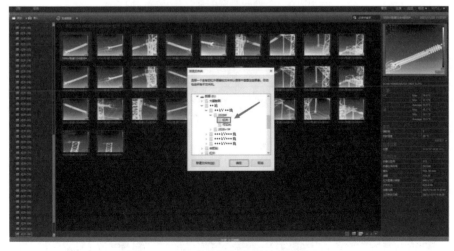

图 10-3 红外线测温数据处理流程（3）

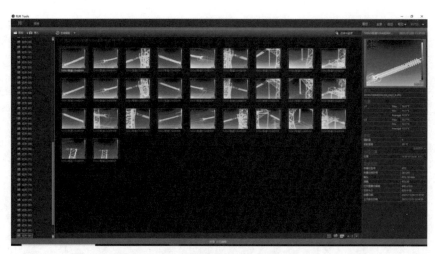

图 10-4　红外线测温数据处理流程（4）

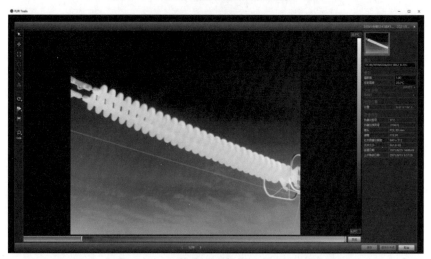

图 10-5　红外线测温数据处理流程（5）

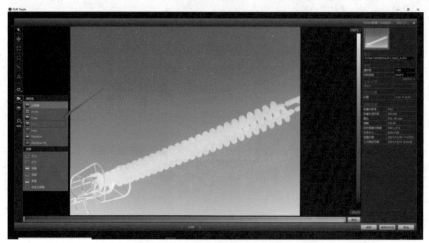

图 10-6　红外线测温数据处理流程（6）

（6）自动测温：点击自动测温模式，检测照片整体温度，红外线测温数据处理流程（7）如图 10 - 7 所示。

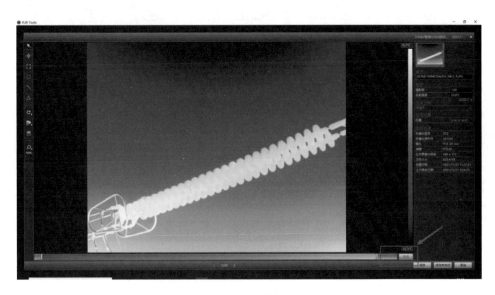

图 10 - 7　红外线测温数据处理流程（7）

（7）部件点测温方式：一般绝缘子用横线测温、其他部件点用方框，对所需测温点进行测温，红外线测温数据处理流程（8）如图 10 - 8 所示。

图 10 - 8　红外线测温数据处理流程（8）

（8）绝缘子情况，注意关注右边温度。较长的绝缘子可以画 2～4 条线，红外线测温数据处理流程（9）如图 10 - 9 所示。

图 10 - 9 红外线测温数据处理流程（9）

（9）移动下方进行调整至画面黑色查看发光点温度超过 1℃ 为缺陷，红外线测温数据处理流程（10）如图 10 - 10 所示。

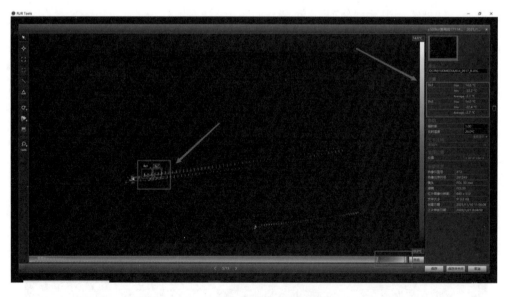

图 10 - 10 红外线测温数据处理流程（10）

（10）均压环情况，注意关注右边温度，红外线测温数据处理流程（11）如图 10 - 11 所示。

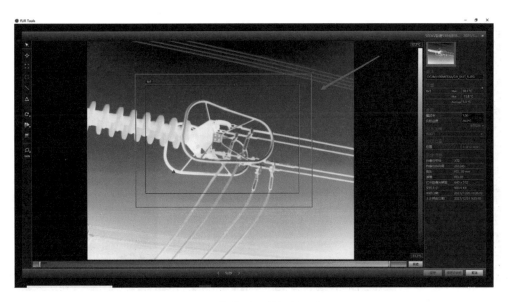

图 10-11　红外线测温数据处理流程（11）

（11）点击保存，之后点击右边箭头进入下一张全部处理完可以直接关闭或者点击保存并关闭，红外线测温数据处理流程（12）如图 10-12 所示。

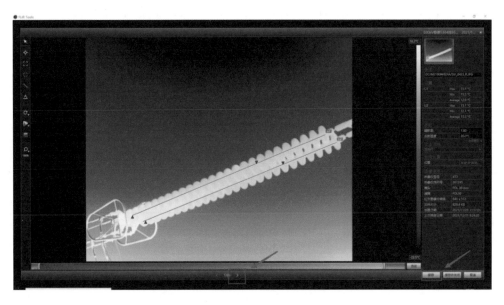

图 10-12　红外线测温数据处理流程（12）

（12）一般情况下，温度大于 50℃需要引起注意，并关注发热点附近温度，红外线测温数据处理流程（13）如图 10-13 所示。

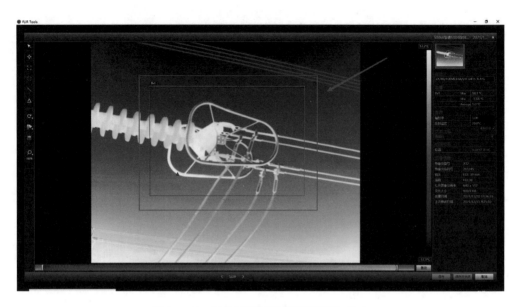

图 10-13 红外线测温数据处理流程 (13)

(13) 如果该点为明显发热点，找到对应的可见光照片进行比对，判断其是否为反光点（太阳晒的地方，比较亮），若确定为缺陷点，则填写红外缺陷明细表，并将测温后的照片保存，录入至红外测温报告中，红外线测温数据处理流程 (14) 如图 10-14 所示。

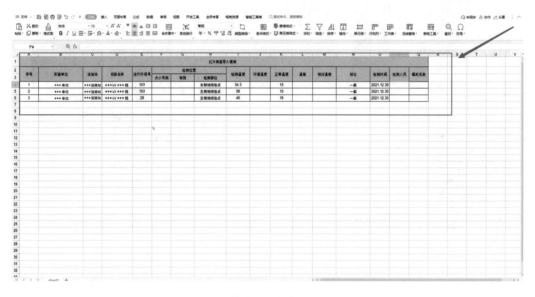

图 10-14 红外线测温数据处理流程 (14)

三、作业流程图

红外检测故障查找作业流程图如图 10－15 所示。

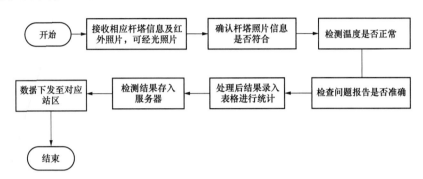

图 10－15 红外检测故障查找作业流程图

第十一章

输电/配电线路通道树障测量（可见光）

输电/配电线路可见光通道树障测量主要包含可见光数据三维建模、点云数据的分类和处理、应用数据分析和成果资料整理。

一、基本要求

（1）接收站区杆塔照片名称需按规定统一格式填写。信息表格须填写完整，填写杆塔信息、飞行人员、是否三跨、禁飞、限飞等信息。

（2）接收杆塔信息照片需经过人员确认是否和信息表格内容一致，如出现信息照片不符合或缺失需进行数据确认并保存记录。

（3）树障检测人员需学习二维平台建模、三维可见光点云建模以及树障检测软件的使用方法，以及不同电压杆塔之间的安全距离。

（4）树障检测过程中应确认坐标位置、框选位置正确，确认树障位置高度是否达到缺陷高度。

（5）无特殊情况下，可规定固定时间进行一次统计和审查确保完成的质量和正确性。

（6）如检测过程中模型不清晰无法检测则需要求站区人员重飞，如发现缺陷应向管理人员进行反馈。

（7）检测完成后需将检测数据录入电子表格进行统计，需填写处理人、缺陷等级数量、处理时间等信息，留存相应的问题报告和二维、三维模型。

二、三维重建

三维重建是基于摄影测量、计算机视觉中的多视几何及计算机图形学等原理利用无人机采集的影像生成所摄物体实景三维模型的过程。

（1）打开无人机三维可见光树障建模软件，三维重建流程（1）如图 11-1 所示。

图 11-1　三维重建流程（1）

（2）更改保存路径：建议将路径设置为空间大于 200GB 的盘符中，三维重建流程（2）如图 11-2 所示。

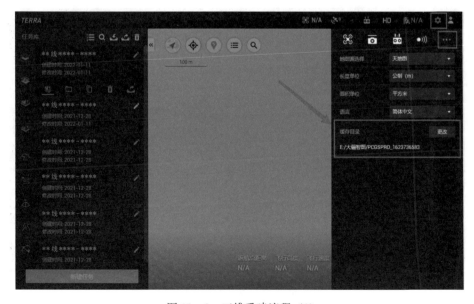

图 11-2　三维重建流程（2）

（3）点击新建任务，选择三维模型，三维重建流程（3）如图11-3所示。

图11-3　三维重建流程（3）

（4）对新建任务进行命名，一般按照线路名称＋杆号形式，三维重建流程（4）如图11-4所示。

图11-4　三维重建流程（4）

（5）添加照片：可按照文件夹或选择部分照片导入，三维重建流程（5）如图 11-5 所示。

图 11-5　三维重建流程（5）

（6）进行参数设置。建图场景选择普通场景或者电力线场景，重建结果选择 LAS 格式，三维重建流程（6）如图 11-6 所示。

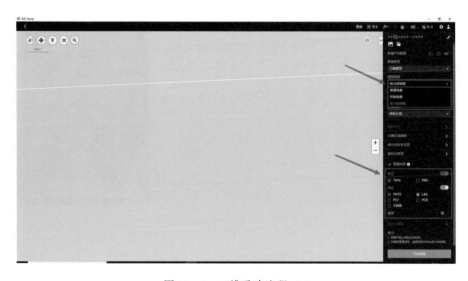

图 11-6　三维重建流程（6）

（7）坐标系设置，选择已知 84 坐标系，若现场使用 2000 坐标系采集则需换算后选择相应坐标系，三维重建流程（7）如图 11-7 所示。

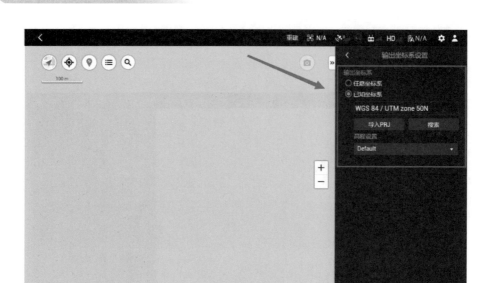

图 11-7 三维重建流程 (7)

（8）点击开始重建，等待结果，三维重建流程（8）如图 11-8 所示。

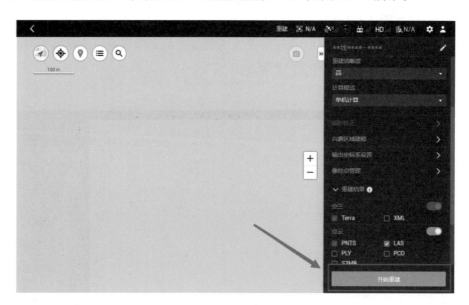

图 11-8 三维重建流程 (8)

（9）打开三维模型，找到以 LAS 结尾的文件，三维重建流程如图 11-9 和图 11-10 所示。

（10）找到该区段对应杆塔的坐标，复制到新的 Excel 表里，并调整高度，高度可设置为 100m 或杆塔实际高度，坐标转换流程如图 11-11 和图 11-12 所示。

图 11-9　三维重建流程（9）

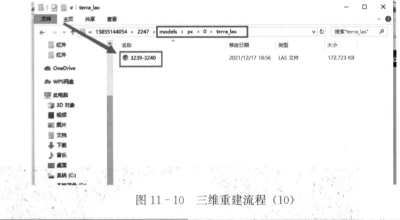

图 11-10　三维重建流程（10）

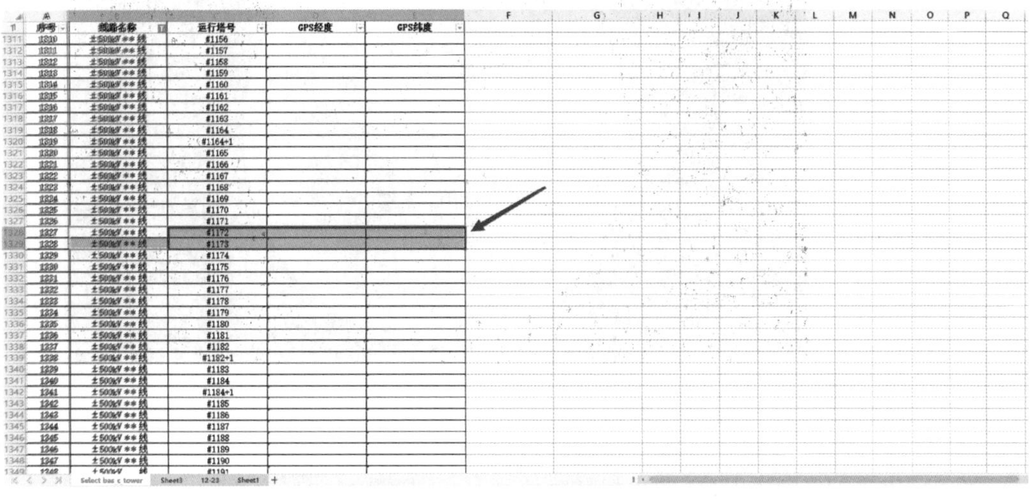

图 11-11　坐标转换流程（1）

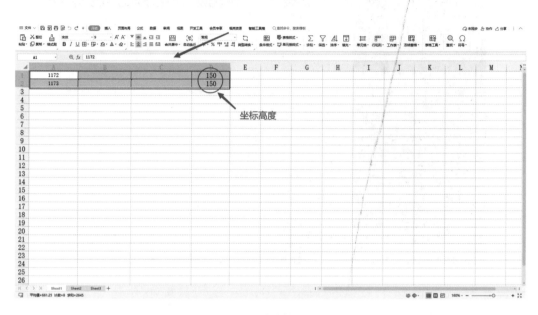

图 11-12　坐标转换流程（2）

（11）打开坐标转换软件（本节基于 LocaSpaceViewe 软件进行坐标转换），坐标转换流程（3）如图 11-13 所示。

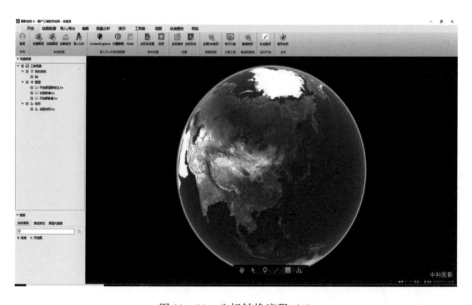

图 11-13　坐标转换流程（3）

（12）点击 Excel 转 KML，坐标转换流程（4）如图 11-14 所示。

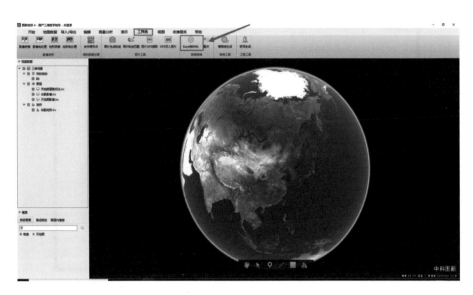

图 11-14 坐标转换流程（4）

（13）点击打开 XLS，打开之前新建的 Excel 文件（杆塔坐标），坐标转换流程（5）如图 11-15 所示。

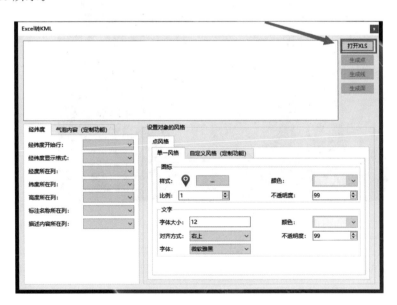

图 11-15 坐标转换流程（5）

（14）修改经纬度，点击生成点并保存，坐标转换流程（6）如图 11-16 所示。

（15）打开树障处理软件（本节基于 pointCloudGUI 软件进行数障处理），树障处理流程（1）如图 11-17 所示。

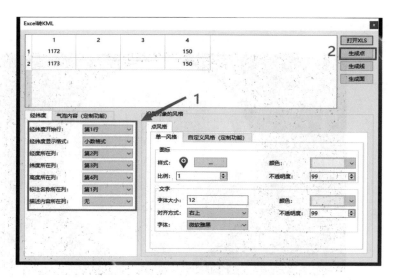

图 11-16　坐标转换流程（6）

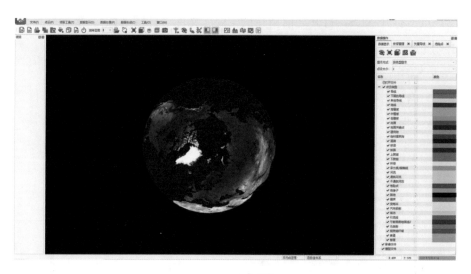

图 11-17　树障处理流程（1）

（16）创建项目指定路径，填写文件名，线路名称＋档距，**树障处理流程（2）**如图 11-18 所示。

（17）创建子项目，无需要改名，左边点击子项目空白处，**树障处理流程（3）**如图 11-19 所示。

（18）在所有文件下面，右击原始文件上传，打开之前 LAS 文件，**待软件上传进度**达到 100％之后点击关闭，树障处理流程（4）如图 11-20 所示。

图 11-18　树障处理流程（2）

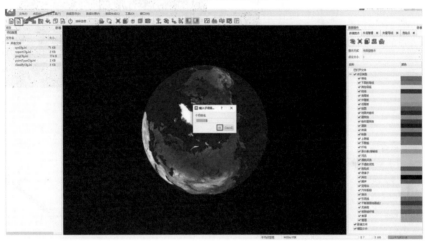

图 11-19　树障处理流程（3）

图 11-20　树障处理流程（4）

（19）选择项目工具，导入杆塔信息，找到之前 LocaSpaceViewe 文件的生成点坐标，树障处理流程如图 11-21 和图 11-22 所示。

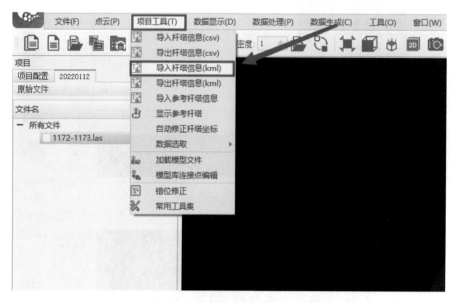

图 11-21 树障处理流程（5）

图 11-22 树障处理流程（6）

（20）左边子项目中，LAS 右击创建索引，进程数 1，确认完成后关闭，树障处理流程（7）如图 11 - 23 所示。

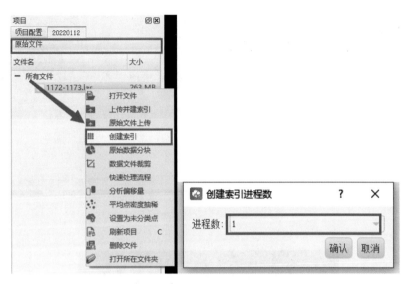

图 11 - 23　树障处理流程（7）

（21）左边子项目下索引/分割文件，之后点击刷新，左边列表选中文件并右击打开文件，调整点云角度，树障处理流程如图 11 - 24 和图 11 - 25 所示。

图 11 - 24　树障处理流程（8）

（22）选择杆塔显示按钮，显示出杆塔坐标。手动调整杆塔号至杆塔顶端，选择杆塔管理，勾选替换当前选择的杆塔信息。点击订塔，左键点杆塔列表，右键点击点云中塔顶端并保存,树障处理流程如图 11-26～图 11-28 所示。

图 11-25　树障处理流程(9)

图 11-26　树障处理流程(10)

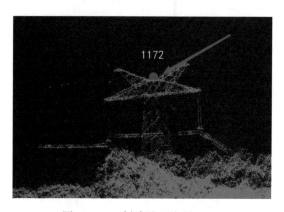

图 11-27　树障处理流程(11)

(23)点击数据显示,选择按高程显示,树障处理流程如图 11-29 和图 11-30 所示。

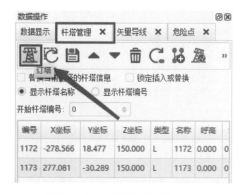

图 11-28　树障处理流程(12)

图 11-29　树障处理流程(13)

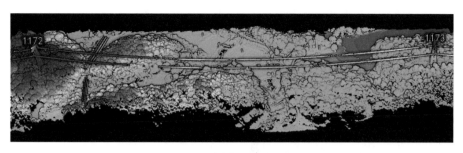

图 11-30　树障处理流程（14）

（24）点云裁剪：一般 10kV 裁剪宽度为 15，66/110/220kV 裁剪宽度为 45，500/800kV 裁剪宽度为 45，1000 及以上裁剪宽度为 60，树障处理流程（15）如图 11-31 所示。

（25）裁剪后点击确定后刷新，树障处理流程（16）如图 11-32 所示。

图 11-31　树障处理流程（15）　　　　　　　图 11-32　树障处理流程（16）

（26）索引/分割文件：在右边点击关闭，树障处理流程（17）如图 11-33 所示。

图 11-33　树障处理流程（17）

（27）点云分类：选中文件后点击自动分类，并在软件右侧栏选择数据显示，关闭所有显示文件，树障处理流程如图 11－34 和图 11－35 所示。

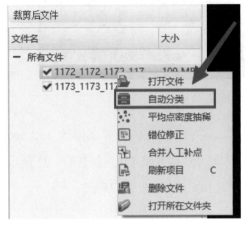

图 11－34　树障处理流程（18）　　　　图 11－35　树障处理流程（19）

（28）分类文件查看：自动分类完成后，选择分类文件，刷新项目后打开文件，按照类型显示点云，检查自动分类效果，树障处理流程如图 11－36 和图 11－37 所示。

图 11－36　树障处理流程（20）

图 11－37　树障处理流程（21）

（29）若分类效果不佳，则进行人工分类：选择交互打开，点击人工分类，树障处理流程如图 11-38 和图 11-39 所示。

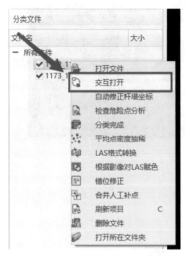

图 11-38　树障处理流程（22）　　　　　　　图 11-39　树障处理流程（23）

（30）人工分类：选取多边形，框选需要分类的点云部件点，根据快捷键提示，杆塔、导线、地线等进行人工分类，树障处理流程（24）如图 11-40 所示。

图 11-40　树障处理流程（24）

（31）人工分类框选效果，树障处理流程（25）如图11-41所示。

图11-41　树障处理流程（25）

（32）人工分类完成后，关闭所有显示文件，再分类完成，然后重新打开文件，树障处理流程如图11-42~图11-44所示。

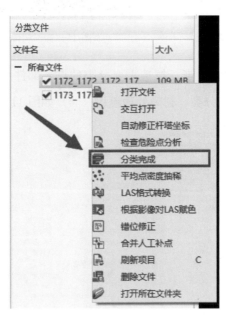

图11-42　树障处理流程（26）

（33）报告参数配置：打开参数配置，填写单位、运维班组等信息。

图11-43　树障处理流程（27）

（34）打图参数配置：打图类型选择实时、正交；颜色配置及点云过滤保持默认参

88

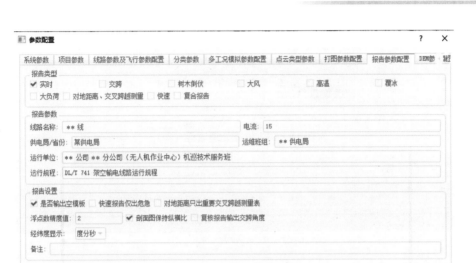

图 11‑44 树障处理流程（28）

数；线路参数及飞行参数按照处理杆塔区段编写，树障处理流程如图 11‑45～图 11‑47
所示。

图 11‑45 树障处理流程（29）

（35）人工补点：在人工交互分类修改后（此步骤视具体情况开展），根据现有导线
连接后保存补点即可，树障处理流程如图 11‑48～图 11‑50 所示。

图 11-46　树障处理流程（30）

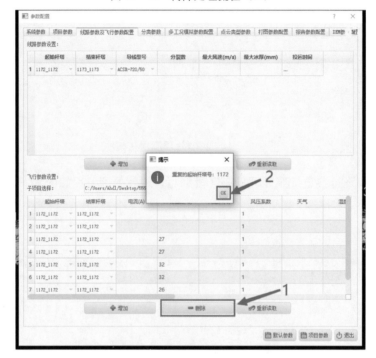

图 11-47　树障处理流程（31）

图 11-48　树障处理流程（32）

图 11-49　树障处理流程（33）

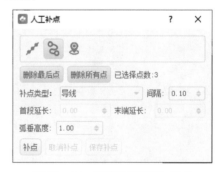

图 11-50　树障处理流程（34）

（36）数据合并：人工补点后，选中原始 LAS 和人工补点 LAS，合并人工补点后需关闭并刷新，树障处理流程（35）如图 11-51 所示。

图 11-51　树障处理流程（35）

（37）危险点检测：打开合并后的点云文件，选择危险点按钮，核实单位、电压等级及交直流，确认无误后，点击快速危险点分析，树障处理流程如图 11-52～图 11-54 所示。

图 11-52　树障处理流程（36）

图 11-53　树障处理流程（37）

图 11-54 树障处理流程（38）

（38）待分析完成后，点击刷新按钮，点击生成所有图片，树障处理流程如图 11-55 和图 11-56 所示。

图 11-55 树障处理流程（39）

图 11-56 树障处理流程（40）

（39）生成树障检测报告：根据危险点检测情况，生成树障检测报告，树障处理流程如图 11-57 和图 11-58 所示。

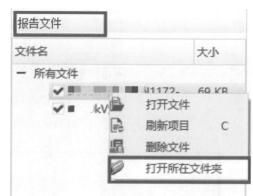

图 11-57 树障处理流程（41）

（40）检查报告：如单位、杆塔名称、人员、危急、严重、一般、危险点等是否错误，树障处理流程如图 11-59～图 11-61 所示。

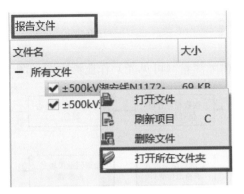

图 11-58　树障处理流程（42）

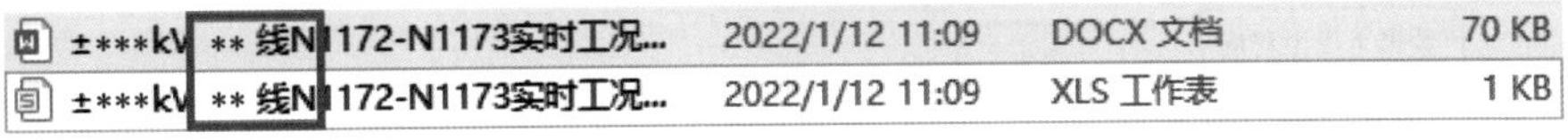

± ***kV	** 线N1172-N1173实时工况...	2022/1/12 11:09	DOCX 文档	70 KB
± ***kV	** 线N1172-N1173实时工况...	2022/1/12 11:09	XLS 工作表	1 KB

图 11-59　树障处理流程（43）

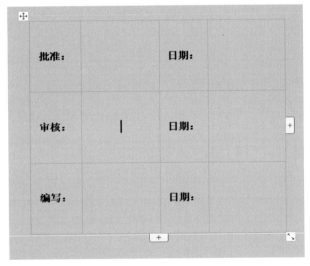

± ** kV ｜** 线｜ (N1172-N1173)

激光扫描实时工况安全距离检测报告

图 11-60　树障处理流程（44）

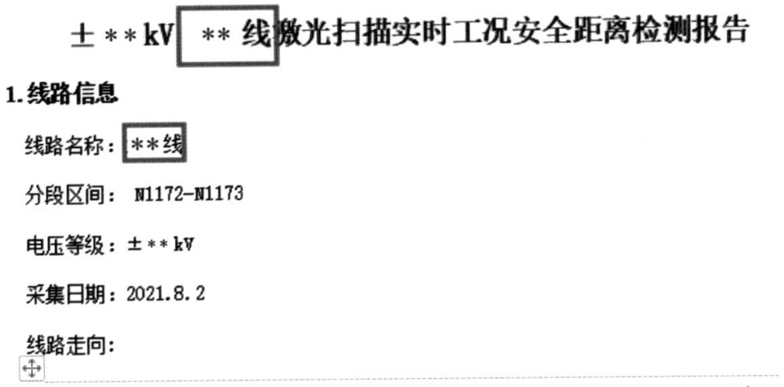

± ** kV ** 线 激光扫描实时工况安全距离检测报告

1.线路信息

线路名称：**线

分段区间：N1172-N1173

电压等级：± ** kV

采集日期：2021.8.2

线路走向：

图 11-61　树障处理流程（45）

三、作业流程图

输电/配电线路通道树障测量（可见光）作业流程图如图 11 - 62 所示。

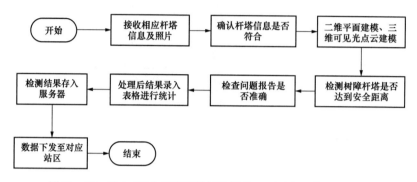

图 11 - 62　输电/配电线路通道树障测量（可见光）作业流程图

第十二章
激光扫描数据处理

无人机采集原始点云数据后需要对点云进行深加工，以用于测绘或电力或其他行业应用。为保证数据处理精度，现阶段点云处理主要分为三个步骤，即航迹解算、航迹校核、点云解算，下面以市面上常见的两种激光雷达点云解算为例。

一、基本要求

（1）需要检查原始文件命名是否标准，按照"电压等级＋线路名称＋杆号/区段"命名。

（2）检查点云原始文件是否完整，主要包含雷达相机标定数据、视觉标定数据、雷达 IMU 标定数据、惯导数据、激光雷达点云原始数据、RTK 基站数据、可见光数据（根据是否需要真彩点云、视情况而定）。

（3）点云解算过程中，根据用途，选择合适的坐标系和坐标带。

（4）对点云进行抽稀、去噪、裁剪和分类，满足自主航线规划和树障测量的要求。

（5）对处理后的点云进行存档和登记。

二、处理方法一❶

1. 航迹解算

（1）整理数据，航迹解算（1）如图 12‐1 所示。

（2）创建 lidar 文件夹放入 Lid 格式文件，创建 Pos 文件夹放入 dat 格式文件，航迹解算（2）如图 12‐2 所示。

---

❶ 基于北京煜梆激光雷达平台解算。

图 12－1　航迹解算（1）

图 12－2　航迹解算（2）

（3）操作步骤。

（4）打开软件，在工具栏选择工具中的 YPLPos 选项，航迹解算（3）如图 12－3 所示。

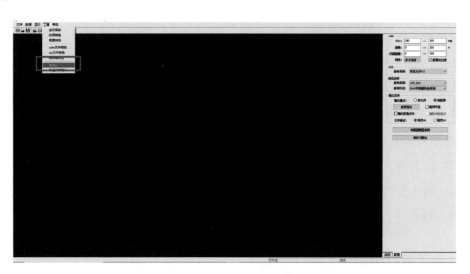

图 12－3　航迹解算（3）

（5）在界面中选择文件，文件的子工具栏中选择流文件分练，航迹解算如图 12－4 和图 12－5 所示。

（6）选择需要分练的原始 DAT 数据，航迹解算如图 12－6 和图 12－7 所示。

（7）分练完成后选择工具，在子选项栏中选择 GNSS 数据解码，航迹解算（8）如图 12－8 所示。

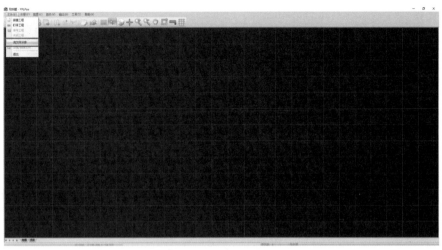

图 12 - 4　航迹解算（4）

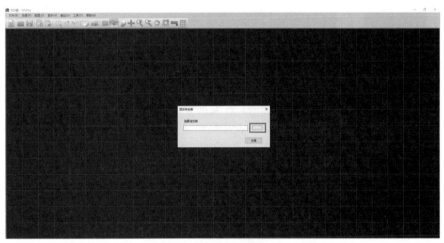

图 12 - 5　航迹解算（5）

图 12 - 6　航迹解算（6）

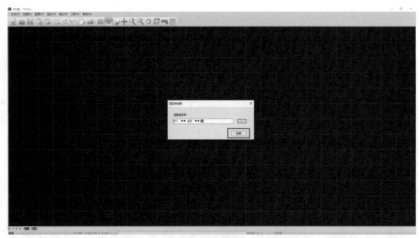

图 12 - 7　航迹解算（7）

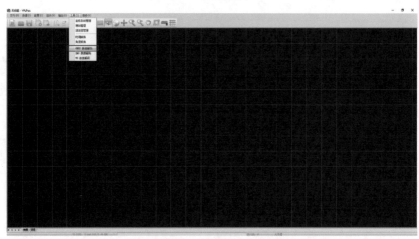

图 12 - 8　航迹解算（8）

（8）添加相对应的文件，航迹解算如图 12 - 9～图 12 - 11 所示。

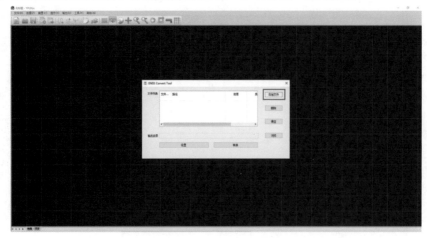

图 12 - 9　航迹解算（9）

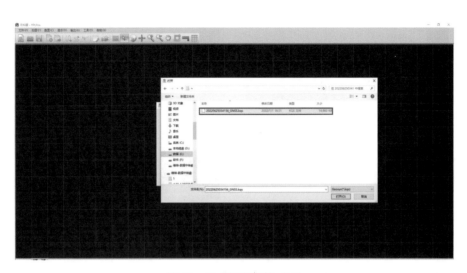

图 12-10　航迹解算（10）

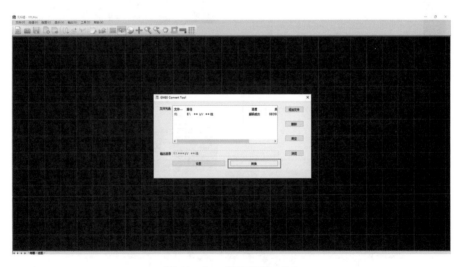

图 12-11　航迹解算（11）

（9）解码完成后选择后缀为 22o 的 GNSS 文件，压缩成 ZIP 格式的压缩文件，航迹解算如图 12-12 和图 12-13 所示。

2. 航迹校核

（1）打开浏览器输入千寻网址，登录账号密码，进入控制台，航迹校核（1）如图 12-14 所示。

（2）点击新建任务，导入压缩后的文件，安徽地区运行配置选择淮南，等待解算结果，航迹校核如图 12-15～图 12-17 所示。

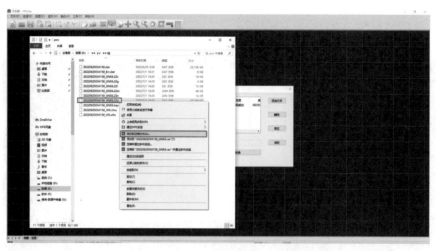

图 12-12　航迹解算（12）

图 12-13　航迹解算（13）

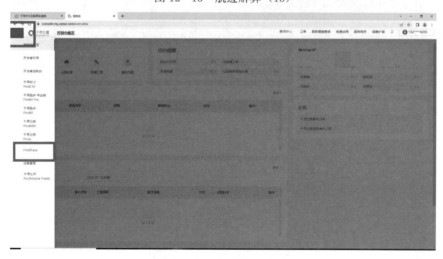

图 12-14　航迹校核（1）

图 12-15　航迹校核（2）

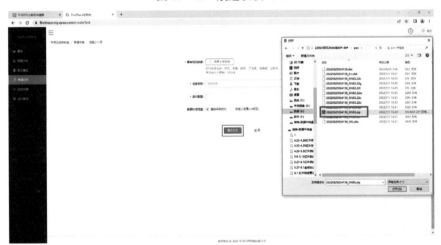

图 12-16　航迹校核（3）

图 12-17　航迹校核（4）

（3）解算完成后，下载解算结果文件解压并复制到原始文件夹，航迹校核如图 12-18～图 12-20 所示。

图 12-18　航迹校核（5）

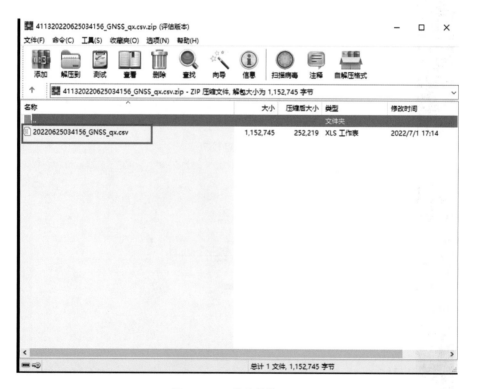

图 12-19　航迹校核（6）

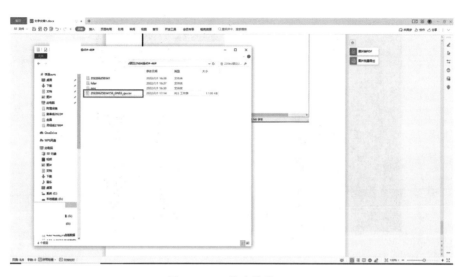

图 12-20　航迹校核（7）

3. 点云解算

（1）在工具选项中选择坐标系统（只需设置一次），点云解算（1）点云解算（1）如图 12-21 所示。

图 12-21　点云解算（1）

（2）在坐标系统配置中选择 utm50 并保存，点云解算（2）如图 12-22 所示。

（3）文件工具栏中新建工程，点云解算（3）如图 12-23 所示。

（4）在 GNSS 流动站中模式选择外部 GNSS 定位测速结果输入，添加原始文件，外部 GNSS 定位测速结果文件路径添加千寻导出的文件，点云解算（4）如图 12-24 所示。

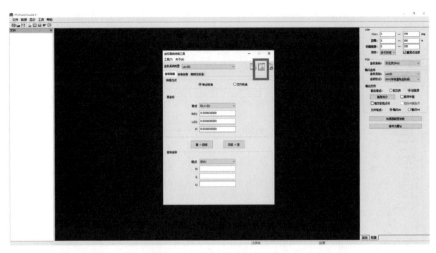

图 12-22　点云解算（2）

图 12-23　点云解算（3）

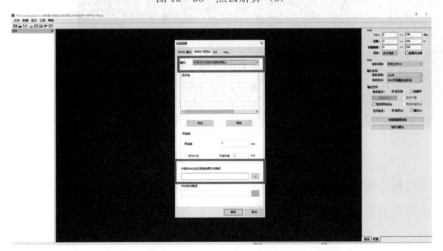

图 12-24　点云解算（4）

（5）在 Lid 选项中添加 Lid 格式的原始文件，点云解算（5）如图 12-25 所示。

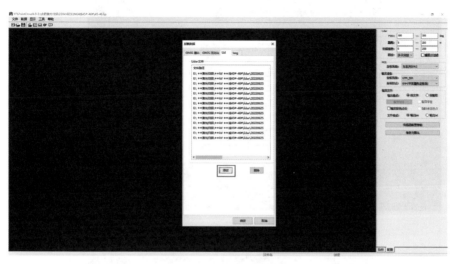

图 12-25　点云解算（5）

（6）在初始界面勾选重复点过滤，输出文件中勾选按航带，点云解算（6）如图 12-26 所示。

图 12-26　点云解算（6）

（7）自动弹出手动划分航带，未自动弹出点击航带划分，点云解算（7）如图 12-27 所示。

（8）航带交接处选择所需要的航带，点云解算（8）如图 12-28 所示。

（9）点击数据选择点云计算，计算完成后得到点云 las 文件，点云解算如图 12-29 和图 12-30 所示。

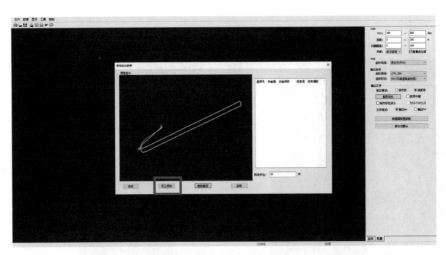

图 12-27　点云解算（7）

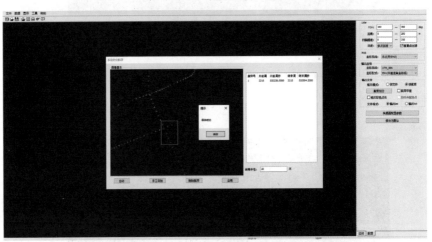

图 12-28　点云解算（8）

图 12-29　点云解算（9）

图 12 - 30　点云解算（10）

三、处理方法二[1]

1. 航迹校准

（1）打开绿土解算地址 ttps://licloud.lidar360.com/♯/project，选择绿土云迹。

（2）选择点云的 IMU 文件，完成数据导入，航迹校准如图 12 - 31 和图 12 - 32 所示。

图 12 - 31　航迹校准（1）

---

[1]　基于数字绿土激光雷达平台解算。

图 12－32　航迹校准（2）

（3）上传好后点击计算按钮，花费点券计算基站数据，航迹校准如图 12－33 和图 12－34 所示。

图 12－33　航迹校准（3）

图 12－34　航迹校准（4）

计算好后下载基站数据，为 . O 与 . P 的格式，将基站数据放入对应的点云数据组，航迹校准如图 12－35 和图 12－36 所示。

图 12－35　航迹校准（5）

图 12 - 36　航迹校准（6）

2. 点云解码

（1）打开 LiAcquire，选择某一组数据的 .sml 数据，点云解码（1）如图 12 - 37 所示。

图 12 - 37　点云解码（1）

（2）在左侧数据列表选择导入 IMU 数据，有相机记录数据也可以导入相机记录数据，没有不影响解算，点云解码如图 12 - 38 和图 12 - 39 所示。

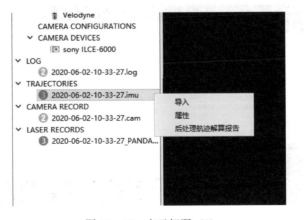

图 12 - 38　点云解码（2）

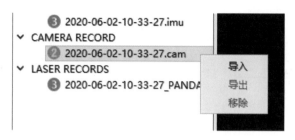

图 12-39　点云解码（3）

（3）点开系统配置，导入设备检校文件，每台设备的配置文件唯一，配置文件，点云解码如图 12-40 和图 12-41 所示。

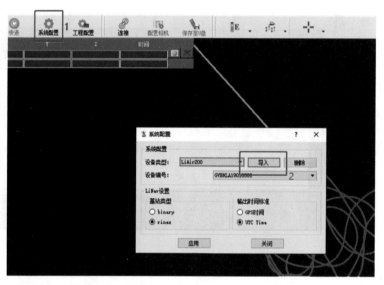

图 12-40　点云解码（4）

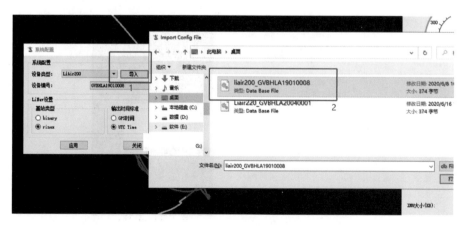

图 12-41　点云解码（5）

（4）设置好基站类型，绿土网站计算的基站数据选择 rinex，时间选择 UTC Time，设备编号通过配置文件直接读取，点云解码（6）如图 12 - 42 所示。

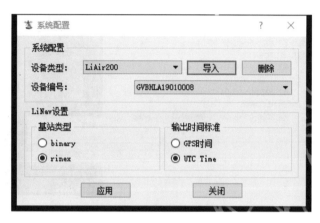

图 12 - 42　点云解码（6）

（5）数据解算区段选择：打开 POS 段选择工具，截取数据的解算区段，鼠标左键选择首尾点，选择绿色对号按钮确定选择区段，点云解码如图 12 - 43 和图 12 - 44 所示。

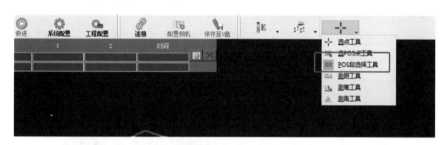

图 12 - 43　点云解码（7）

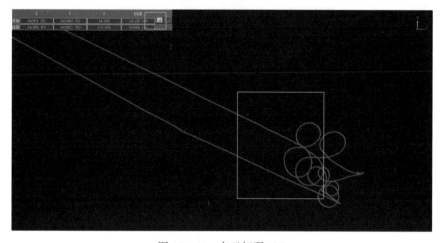

图 12 - 44　点云解码（8）

（6）右键 LASER RECORDS 下数据框，选择解算，打开解算对话框，点云解码
（9）如图 12 - 45 所示。

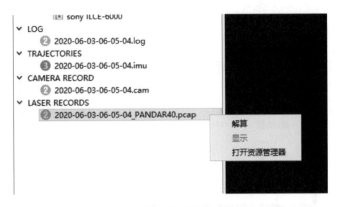

图 12 - 45　点云解码（9）

（7）在解算对话框中选择基站数据（.O/.P 数据），添加按钮选择 .O 文件，浏览按
钮选择 .P 文件，其他设置不用动，点云解码如图 12 - 46 和图 12 - 47 所示。

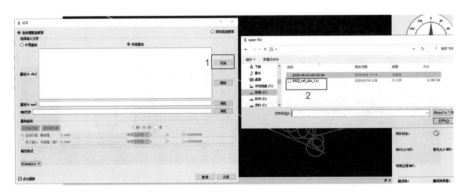

图 12 - 46　点云解码（10）

图 12 - 47　点云解码（11）

（8）点击完后进行参数设置，采集时间和结果类型通过数据自动读取，主要设置匀光（色彩不一致校正），最大角最小角分别设置 0°和 180°，最小距离设置为 2m，最大距离 50m 的设备设置为 150、200m 及 220m 的设备设置为 300m，选择不拆分，点击确定开始解算，点云解码（12）如图 12‑48 所示。

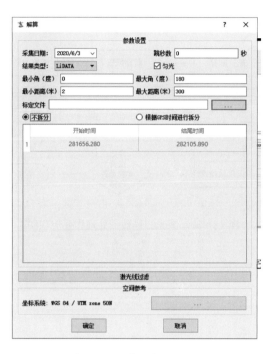

图 12‑48 点云解码（12）

（9）解算完成后，数据存放在数据组 GeoreferenceResult 文件夹中，点云解码（13）如图 12‑49 所示。

图 12‑49 点云解码（13）

注意：如果 GeoreferenceResult 文件夹中已经有解算数据一定要删掉。

四、作业流程图

激光扫描数据处理作业流程图如图 12-50 所示。

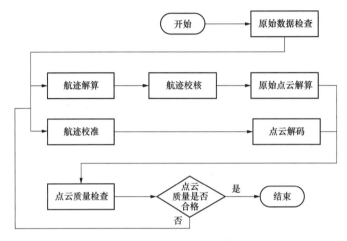

图 12-50 激光扫描数据处理作业流程图

第十三章

自 主 巡 检 航 线 规 划

基于无人机激光点云/可见光点云，可规划具备厘米级定位的无人机自主航线，航线规划主要流程为：原始点云裁剪、抽稀、航线规划。

一、基本要求

（1）接收杆塔可见光照片名称需按规定统一格式填写，杆塔坐标、点云模型、可将光照片需经过人员确认是否一致，如出现不符合或缺失需进行数据确认并保存记录。

（2）自主航线规划人员需学习点云裁切重采样、自主航线规划软件的使用方法，以及杆塔和无人机安全距离，杆塔部位名称等知识。

（3）规划人员点云适当进行裁切重采样，按照固定格式导入坐标，根据安全飞行距离确定每个拍照位置并确保照片清晰无遮挡。

（4）自主航向规划可规定固定时间进行一次统计和审查，确保完成的质量和正确性。

（5）航线规划中如遇到点云模型不清晰或缺失需安排外业人员重新采集，如发现缺陷应向管理人员进行反馈。

（6）检测完成后需将检测数据录入 Excel 进行统计，需填写规划人、规划时间等信息，留存相应的规划路线、点云等数据。

二、作业流程

1. 点云裁切

（1）打开 LiPowerline❶ 软件，点云裁剪（1）如图 13-1 所示。

---

❶ 基于 LiPowerline 进行点云处理软件。

图 13 - 1　点云裁剪（1）

（2）点击添加数据，点云裁剪（2）如图 13 - 2 所示。

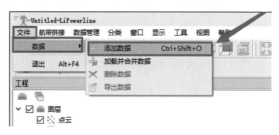

图 13 - 2　点云裁剪（2）

（3）添加该杆塔点云，电力模块设置为取消，点云裁剪（3）如图 13 - 3 所示。

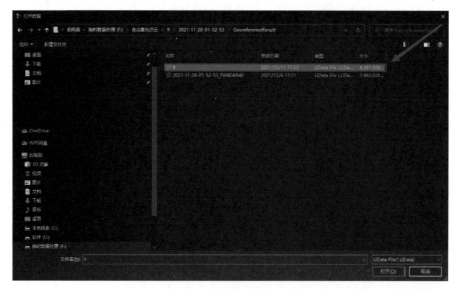

图 13 - 3　点云裁剪（3）

（4）点云裁剪：点云加载完成后，点击多边形框选需要调整的点云，然后进行裁剪，点云裁剪（4）如图 13-4 所示。

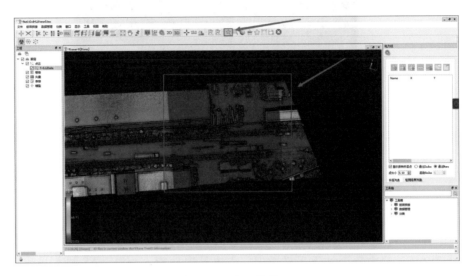

图 13-4　点云裁剪（4）

（5）选择内截切，将点云分成小块，方便操作，点云裁剪（5）如图 13-5 所示。

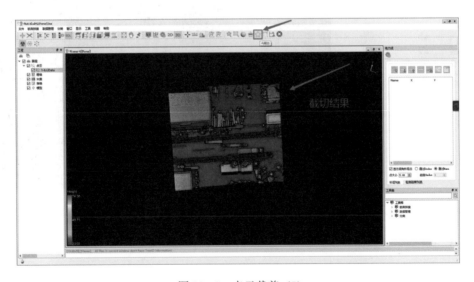

图 13-5　点云裁剪（5）

2. 点云抽稀

（1）点击数据管理中点云工具：双击重采样 50%（按照实际情况选择，百分比越小点云越稀），等待采样结束点击"YES"，点云抽稀（1）如图 13-6 所示。

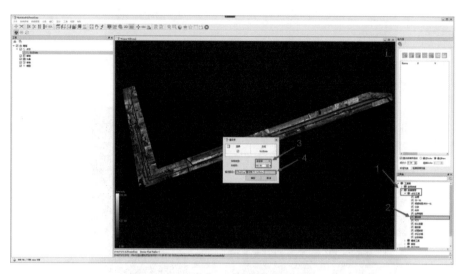

图 13-6　点云抽稀（1）

（2）选择工程栏中新添加重采样数据，点击导出功能，并以 LAS 格式导出，点云抽稀（2）如图 13-7 所示。

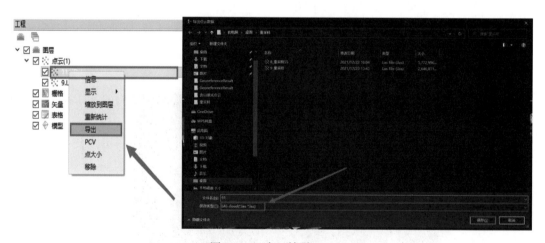

图 13-7　点云抽稀（2）

3. 自主航线规划

坐标文件准备：找到需要进行航线规划的杆塔坐标，复制到新建 XLS 表格中。XLS 必须具备以下信息：序号、线路名称、杆号、杆塔类型、经度、纬度和海拔等字段，自主航线规划（1）如图 13-8 所示，自主航线规划（2）如图 13-9 所示。

（1）打开航线规划软件❶，自主航线规划（3）如图 13-10 所示。

---

❶　基于 Yupont Airline 进行航线规划。

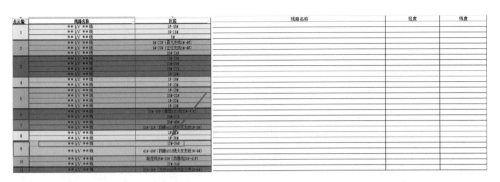

图 13-8　自主航线规划（1）

	运行杆塔号	杆塔类型	经度(E)	纬度(N)	海拔高度
1	**kV**线	001#	直线塔			50
2	**kV**线	002#	直线塔			50
3	**kV**线	003#	直线塔			50
4	**kV**线	004#	直线塔			50
5	**kV**线	005#	直线塔			50
6	**kV**线	006#	直线塔			50
7	**kV**线	007#	直线塔			50
8	**kV**线	008#	直线塔			50
9	**kV**线	009#	直线塔			50
10	**kV**线	010#	直线塔			50
11	**kV**线	011#	直线塔			50
12	**kV**线	012#	直线塔			50
13	**kV**线	013#	直线塔			50
14	**kV**线	014#	直线塔			50
15	**kV**线	015#	直线塔			50
16	**kV**线	016#	直线塔			50
17	**kV**线	017#	直线塔			50
18	**kV**线	018#	直线塔			50
19	**kV**线	019#	直线塔			50
20	**kV**线	020#	直线塔			50
21	**kV**线	021#	直线塔			50
22	**kV**线	022#	直线塔			50
23	**kV**线	023#	直线塔			50
24	**kV**线	024#	直线塔			50
25	**kV**线	025#	直线塔			50
26	**kV**线	026#	直线塔			50

图 13-9　自主航线规划（2）

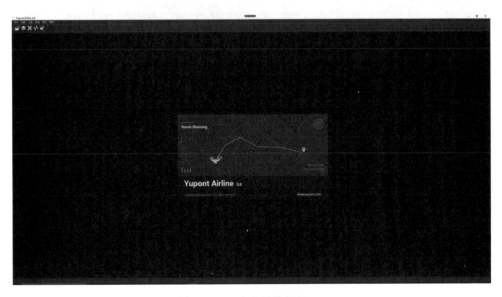

图 13-10　自主航线规划（3）

119

（2）点击加载数据，导入坐标和点云，自主航线规划（4）如图 13-11 所示。

图 13-11　自主航线规划（4）

（3）点云加载后结果，自主航线规划（5）如图 13-12 所示。

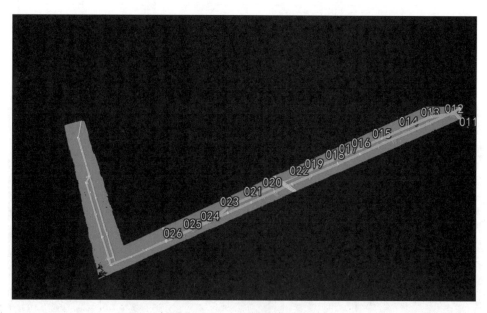

图 13-12　自主航线规划（5）

　　（4）选择杆塔并搭设绘制辅助面：通过移动视角（鼠标左键移动位置右键视角拖动）至杆塔正上方并框选杆塔，运用 W、A、S、D、Q、E 键调整辅助面位置和高度，自主航线规划（6）如图 13-13 所示。

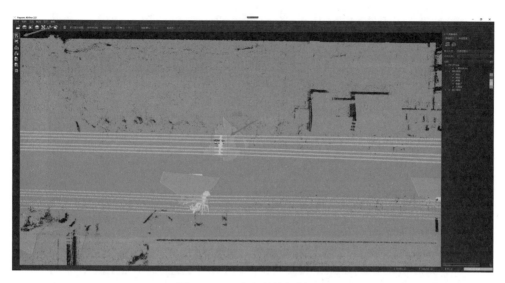

图 13 - 13 自主航线规划（6）

（5）半自动规划：在杆塔上进行关键点绘制，如绘制全塔、塔头、塔身、杆号牌、基础、各侧挂点等，不同的拍摄点有对应的快捷键，通过熟记快捷键能提升航线规划效率，自主航线规划（7）如图 13 - 14 所示。

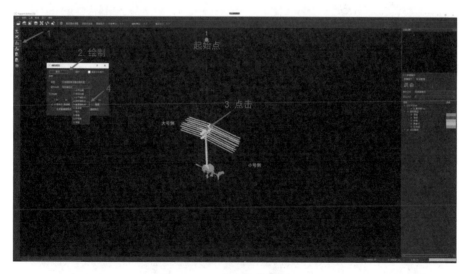

图 13 - 14 自主航线规划（7）

（6）拍摄点调整：若绘制后点位过高点或角度不合适，可点击修改选项中的角度、水平、垂直、高程选项对点位进行调整，自主航线规划如图 13 - 15～图 13 - 20 所示。

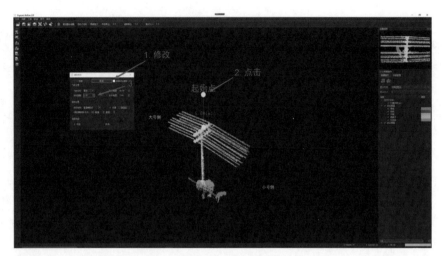

图 13 - 15　自主航线规划（8）

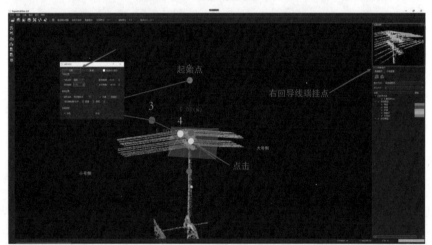

图 13 - 16　自主航线规划（9）

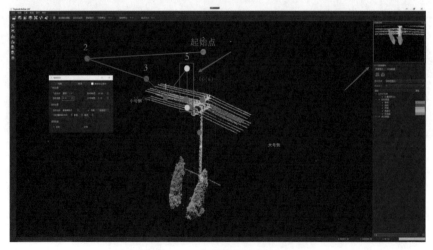

图 13 - 17　自主航线规划（10）

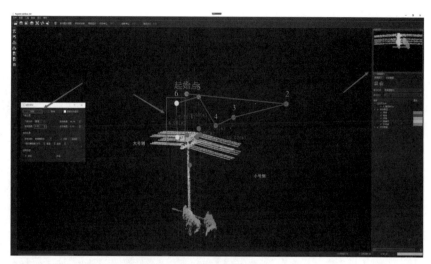

图 13-18 自主航线规划（11）

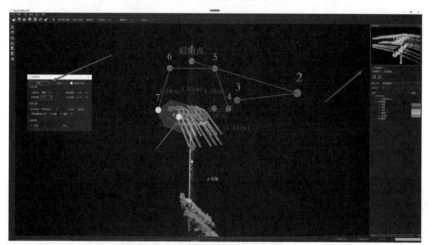

图 13-19 自主航线规划（12）

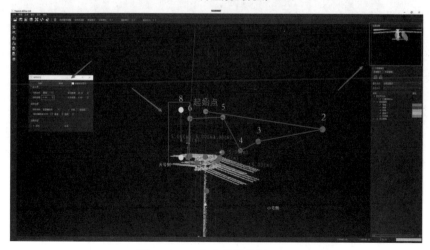

图 13-20 自主航线规划（13）

（7）航点命名：退出半自动规划，选择航线编制选项，更改目标类型名称，同时检查航点规划有无遗漏，自主航线规划（14）如图 13－21 所示。

图 13－21　自主航线规划（14）

（8）航线安全检测：选择航线安全检测，根据不同电压等级，调整安全距离。这里需要注意的是检测安全距离不足但航点及路径确实满足距离，可能是噪点影响，此处可忽略距离不足的预警，自主航线规划（15）如图 13－22 所示。

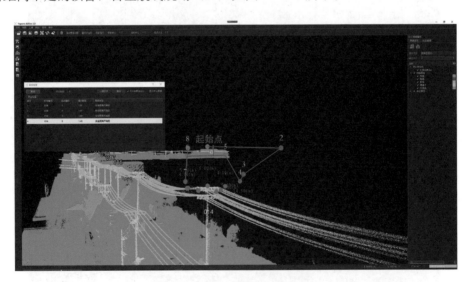

图 13－22　自主航线规划（15）

（9）航线保存：选择航线导出功能，因上一步骤已经检查过了点，此处选择"NO"，填写电压等级、线路名称、杆塔号、飞机型号、规划人员、导出路径等，其他设置为默认即可，自主航线规划（16）如图 13-23 所示。

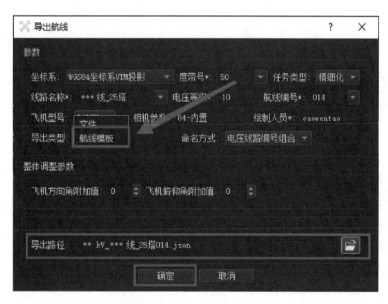

图 13-23　自主航线规划（16）

（10）航线模板保存：将导出类型改为航线模板，并对塔型命名，可作为模板使用，自主航线规划（17）如图 13-24 所示。

图 13-24　自主航线规划（17）

（11）全自动航线规划：使用航线模板模板可以先框选杆塔并调整辅助面后点击全自动，选择上条导出的模板生成航线，然后根据航点适配情况进行微调，航点调整步骤同（8），自主航线规划如图 13-25～图 13-27 所示。

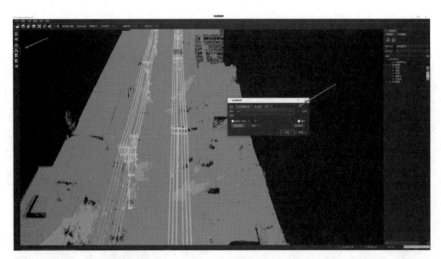

图 13 - 25　自主航线规划（18）

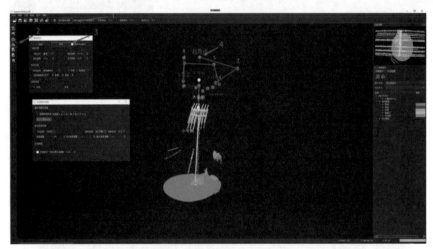

图 13 - 26　自主航线规划（19）

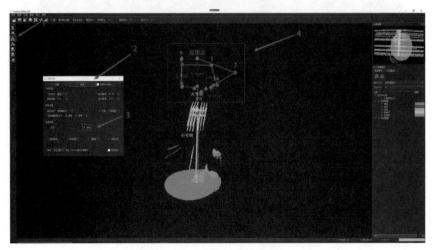

图 13 - 27　自主航线规划（20）

三、作业流程图

自主巡检航线规划作业流程图如图 13-28 所示。

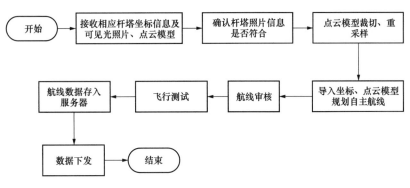

图 13-28　自主巡检航线规划